Mehran Naghizadehrokni
Mobin Afzalirad
Masih Rahimi

Investigar o efeito da contaminação por petróleo no solo

Mehran Naghizadehrokni
Mobin Afzalirad
Masih Rahimi

Investigar o efeito da contaminação por petróleo no solo

ScienciaScripts

Imprint

Any brand names and product names mentioned in this book are subject to trademark, brand or patent protection and are trademarks or registered trademarks of their respective holders. The use of brand names, product names, common names, trade names, product descriptions etc. even without a particular marking in this work is in no way to be construed to mean that such names may be regarded as unrestricted in respect of trademark and brand protection legislation and could thus be used by anyone.

Cover image: www.ingimage.com

This book is a translation from the original published under ISBN 978-3-659-93012-6.

Publisher:
Sciencia Scripts
is a trademark of
Dodo Books Indian Ocean Ltd. and OmniScriptum S.R.L publishing group

120 High Road, East Finchley, London, N2 9ED, United Kingdom
Str. Armeneasca 28/1, office 1, Chisinau MD-2012, Republic of Moldova, Europe
Printed at: see last page
ISBN: 978-620-7-92595-7

Dedicação

Para a minha família

ÍNDICE DE CONTEÚDOS:

Resumo

O vazamento de petróleo bruto de tubulações, reservatórios e refinarias relacionadas à indústria petrolífera, bem como as erupções naturais de petróleo em algumas áreas susceptíveis e sua penetração no solo e subestruturas circundantes, além de impactos ambientais destrutivos, como a contaminação de águas subterrâneas e marinhas, provoca também alterações nas propriedades geotécnicas do solo. Estas alterações são a alteração das propriedades físicas e a alteração da estrutura e da textura do solo nos solos granulares e nos solos pegajosos, respetivamente. O problema da estabilidade e resistência dos solos contaminados com petróleo é importante para estruturas, reservatórios de petróleo, oleodutos e para a estabilidade de taludes. Nesta investigação, as propriedades geotécnicas de um solo impregnado com petróleo bruto com dois, quatro e seis por cento, num período de dez, vinte e trinta dias, foram medidas através dos resultados de ensaios de cisalhamento direto, consolidação e ensaios axiais simples para solo argiloso. Os resultados obtidos para este estudo podem ser utilizados como uma aplicação para prevenir os danos no solo.

CAPÍTULO 1

Investigação geral

1-1 Introdução:

O homem está a prejudicar a natureza para atingir os seus objectivos a curto prazo. Devido às actividades humanas, não só o ar e a água, mas também o solo estão contaminados. A influência sobre a Terra, para além de provocar a contaminação dos lençóis de água subterrâneos, provoca alterações no estado das estruturas sobre o solo. Qualquer alteração nas características de engenharia das camadas do solo pode levar à redução da capacidade de carga e aumentar o somatório global dos componentes estruturais. Como resultado, as estruturas podem sofrer rupturas estruturais ou ficarem inutilizadas para utilização. A contaminação com petróleo bruto pode ter várias origens.

Entre estas, são mais importantes as fugas de condutas de transporte danificadas, os acidentes com petroleiros, o esgotamento das instalações de água do mar, as instalações secas e as fugas naturais. Além disso, o petróleo que entrou na água perto da costa contamina todo o litoral.

Quando ocorrem fugas ou derrames de petróleo, este líquido de hidrocarbonetos é saturado com as águas subterrâneas sob a influência da gravidade, de modo que os seus solos ficam semi-saturados. Apesar de atingir o nível freático, este líquido pode contaminar mais solo através de forças capilares libertadas horizontalmente. As partículas de argila são quimicamente activas. O seu comportamento depende, em princípio, dos minerais das partículas que são afectados pelo ambiente. O ambiente das partículas contém o tipo de fluido na especificação e o tipo de iões presentes no mesmo. O seu comportamento pode mudar com a presença ou difusão de diferentes fluidos. O comportamento da argila pode ser alterado devido à contaminação com diferentes tipos de fluidos de diferentes fontes.

Quando há fugas e queda de petróleo, este também é contaminado por fugas no solo. Nestas condições, é necessário despender custos, tempo e energia para limpar e refinar o solo. Vários métodos têm sido propostos e implementados por empresas e academias para refinar e repor os solos contaminados. Depois de eliminarem os lagos de petróleo, estas empresas utilizam o solo contaminado na subestrutura e no pavimento das estradas, depois de o misturarem com pedras de cascalho. Além disso, as grandes instalações utilizam métodos de queima, métodos biológicos, métodos de absorção, métodos de lavagem do solo, separação por vácuo e separação por centrifugação.

É preciso saber que o método de descontaminação do solo depende diretamente da profundidade de penetração da contaminação e da quantidade de danos ambientais que se produzem na natureza. Entre estes, a utilização de materiais contaminados como materiais de construção para pavimentos, como materiais de revestimento, parece ser mais lógica como constituinte de um aterro. Porque o solo contaminado, para além de se afastar da zona crítica, também encontra valor.

Essa utilização do solo exige a apresentação de um documento documentado e credível sobre a impossibilidade de causar consequências ambientais. Estas consequências incluem a contaminação das águas subterrâneas, a evaporação e a contaminação do ar por ela provocada, bem como os efeitos da persistência de tais contaminações na saúde e na vida humanas. Por conseguinte, a apresentação do relatório ambiental é necessária antes de tais projectos, e pode ser recomendada pela organização de controlo a utilização de um revestimento para evitar a contaminação ambiental.

A Figura 1-1 mostra a amostra de solo contaminado com petróleo que ocorreu perto da refinaria de Isfahan devido à rutura do tubo de óleo.

Figura 1-1. Contaminação da sujidade em torno da refinaria de Isfahan devido à rutura de um oleoduto

1-2 Definição do domínio em análise
1-2-1 Solos de cereais

A maioria dos estudos sobre a plumagem do solo ao petróleo bruto e os efeitos da contaminação nas propriedades geotécnicas do solo em solos arenosos foi efectuada. Nos resultados de todos estes estudos há alguns pontos comuns que são referidos de seguida.

Compressão 1-2-1-1

Em geral, o que resulta dos estudos indica que os agregados de grãos melhoram com o aumento da contaminação por óleo. Nestas experiências, foi utilizada, em princípio, a experiência do protótipo modificado. O solo seco é misturado com uma certa percentagem de petróleo bruto e é depois polvilhado com uma quantidade diferente de água e é polvilhado de acordo com a norma ASTM D698. Um exemplo de uma mudança no comportamento da areia face à alteração da quantidade de petróleo é evidente nos resultados dos testes efectuados por Al-Sanad, et al. na (Fig. 1-2).

A razão pode ser explicada pela redução mais eficaz da fricção entre os grãos de areia e a posição mais próxima das sementes umas das outras, se for utilizado óleo, e também pelo efeito da lubrificação do óleo nos grãos do solo. Embora não tenham sido efectuados ensaios de campo nestes estudos, foram realizadas experiências de laboratório que demonstraram que a concentração de óleo contaminado com contaminação superior a 6% é muito difícil na prática.

Khamchian et al. (2006) consideram que o comportamento à compressão da areia siltosa e da areia mal graduada é diferente. A capacidade das amostras SP, ao contrário das areias SM, não é significativamente melhorada. A ligeira perda de peso seco nas amostras SP pode dever-se à grande porosidade entre as partículas e à possibilidade de mover o óleo entre elas a uma velocidade equivalente à velocidade da água, e de igualar a fluidez do óleo e da água.

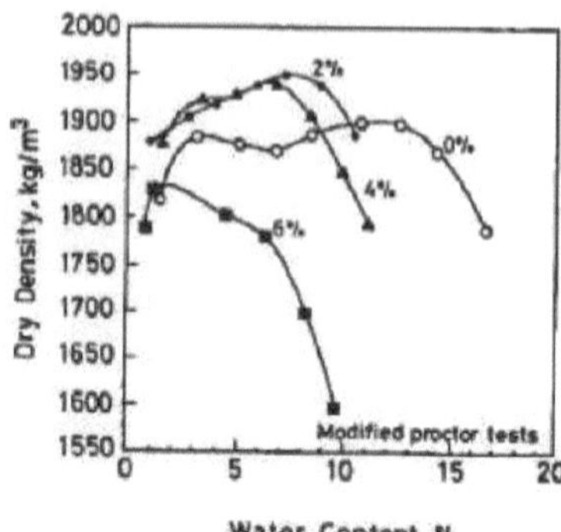

Figura (1-2) Gráficos de ensaio de densidade para amostras com diferentes percentagens de contaminação

(Al-Sanad, et al.)

1-2-1-2 Resistência ao corte

O ângulo de atrito interno <I> também diminui na presença de óleo no espaço inter-agregado com base nas condições gerais de tensão. As variações observadas no ângulo de atrito interno com o grau de saturação de óleo na Fig. 1-2 são mostradas. Para experiências com uma densidade primária relativa de 85%, o ângulo de atrito diminui de 40 ° C para a areia seca para 30 ° quando o grau de saturação de óleo atinge cerca de 19%. Para experiências com uma densidade primária relativa de 40%, o ângulo de atrito de 35 ° para a areia seca diminui para cerca de 28 ° para a areia contaminada quando o grau de saturação atinge cerca de 19%. Portanto, a redução do ângulo de atrito é função da densidade relativa inicial da areia e da saturação inicial do óleo. Entre os parâmetros estudados, observou-se uma diminuição do ângulo de atrito interno de cerca de 20% a 25% em relação ao estado seco com densidades relativas semelhantes. Para um determinado grau de saturação de óleo específico, a diminuição do ângulo de atrito interno foi mais acentuada para as amostras com uma densidade relativa primária superior. Esta diminuição do ângulo de atrito interno afecta a estabilidade dos taludes e das estruturas construídas sobre eles na água e na terra.

Testes de consolidação 1-2-1-3

Experiências de consolidação em areia e areia misturada com diferentes percentagens de petróleo bruto pesado. Para este efeito, foi utilizada a maioria das amostras que estavam saturadas de água antes do ensaio. Os resultados são geralmente apresentados nas Figuras (1-3) e (1-4). Como se pode observar, na presença de petróleo, o encontro de consolidação aumenta. O índice de compressão (Cc) varia entre 0,03 para a areia limpa, 0,66 para o petróleo bruto e 0,07 para o petróleo bruto pesado. O módulo de compressão M ($\Delta p/\Delta \varepsilon$) foi moderado desde MP 3/20 para a areia limpa até MP 2,9 com o petróleo bruto pesado e 4,9 MP para o petróleo bruto leve. Esta compressibilidade, embora não seja grande, ao contaminar o crude mais do que duplica.

Este facto é compatível com as conclusões de Meegoda & Ratnaweera (1994), que se baseou no teste do solo pegajoso. Factores mecânicos como a viscosidade, ou fluidez, facilitam o deslizamento das partículas do solo em ambos os lados, aumentando o índice de densidade do solo.

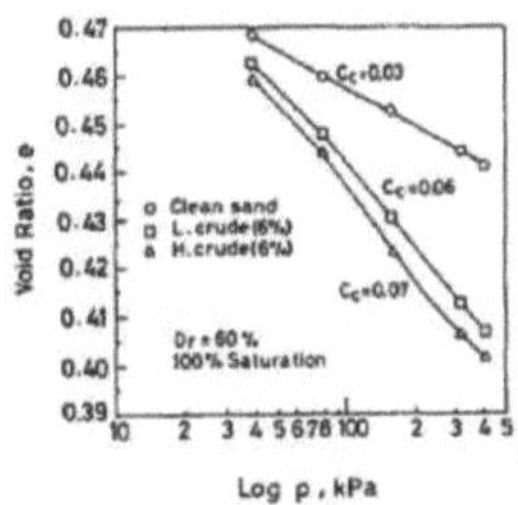

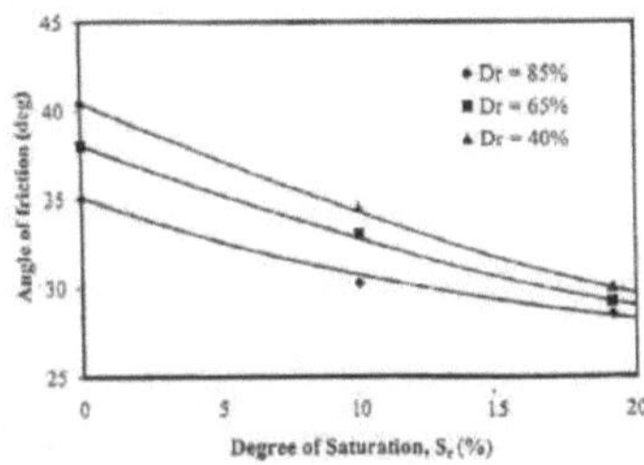

Figura (1-3) Diagrama do ângulo de atrito interno - Percentagem de saturação natural e contaminada, a Fig. 1-4 mostra o gráfico de porosidade-pressão

1-2-1-4 Ensaios de permeabilidade

Foram efectuados ensaios de permeabilidade de cabeça contínua para investigar e comparar a permeabilidade hidráulica. Determinadas quantidades de areia são misturadas com quantidades pré-determinadas de petróleo bruto. A mistura de solo contaminado encontra-se num sistema de permeabilidade pressurizado. A densidade relativa da areia é mais densa e o grau de saturação do petróleo variável é considerado. Foi utilizada água destilada como líquido penetrante e foi dado tempo suficiente às amostras para garantir que não existe ar entre as partículas do solo e o fluxo constante de fluido. Os resultados mostram:

1) Para uma densidade relativa e uma contaminação específica, k diminui com o aumento do grau de saturação do óleo primário.

2- Para o grau de saturação do óleo e o tipo de material contaminante, k diminui com o aumento da densidade relativa da areia.

3- Para a densidade relativa e o grau de saturação do óleo específico, k diminui com o aumento da viscosidade do contaminante (Vijay K. Puri 2000).

1-2-2 Grãos finos

1-2-2-1 Textura (Tecido)

A textura de um solo está relacionada com a geometria das suas partículas. Juntamente com a gravidade específica e a tensão inicial, a textura é um parâmetro importante para o controlo das características e do comportamento do solo. A digitalização do solo foi estudada por microscopia eletrónica da textura do solo. A seguir, uma variedade de tecidos é indicada para argila e argila contaminada, e são considerados sinais a serem atribuídos aos seguintes materiais.

1-2-2-2 Argila não contaminada

A Fig. 1-5 mostra a micrografia da argila não contaminada com uma ampliação de 10.000. A figura mostra manchas de esmectite e tubos de palygorskite. Nesta ampliação, foi observado um tecido não folk. Nesta micrografia não se pode ver nenhum conjunto específico que mostre a estrutura e a textura dos folículos.

1-2-2-3 Argila contaminada

A figura (1-5) b é a micrografia obtida por varrimento de uma amostra infetada por um microscópio eletrónico.

O tamanho dos tubos de palygorskite na argila contaminada é visivelmente maior do que na argila não contaminada. A razão para este facto é a captura de partículas individuais e de partículas de aglomerado com partículas de óleo. Os conjuntos que se formam desta forma têm tamanhos de silte ou mesmo de areia. O mecanismo desta interação entre a argila e o óleo é apresentado na Fig. 1-6.

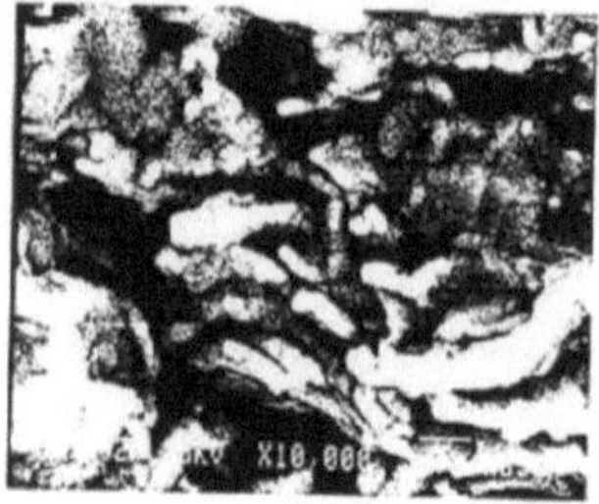
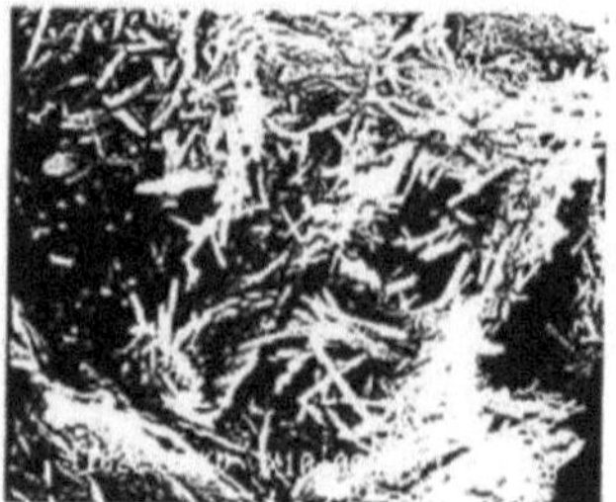

Figura (1-5) Micrografia obtida por varrimento de uma amostra da argila utilizando um microscópio eletrónico (Habib ur rehman 2007)

A) argila não contaminada

b) argila contaminada

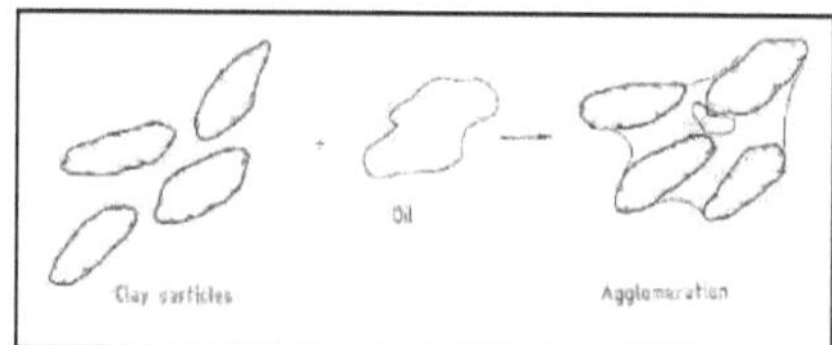

Figura (1-6) Modelo esquemático da textura argilosa infetada

1-2-2-4 Argila infundida e água adicionada

Quando a água foi adicionada à mistura solta infundida com óleo, observou-se que a água separa a ligação entre o óleo e a argila. Um modelo esquemático para este tópico é apresentado na Fig. 1-7. A água destilada utilizada neste estudo tem a capacidade de separar compostos iónicos devido à sua elevada constante dieléctrica (80). Agora este tecido pode ser considerado como um tecido disperso.

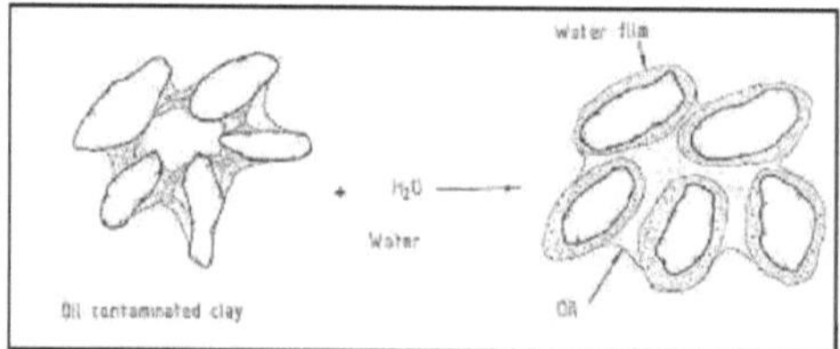

Figura (1-7) Modelo esquemático para textura de argila contaminada e água adicionada

1-2-2-5 Os limites de Atterberg

A adição de petróleo bruto aumenta o índice de Atterberg e o índice psicológico. A razão mais provável para o aumento do intervalo de Atterberg é o excesso de adesão adicionado às partículas de argila pelo petróleo. Por conseguinte, deve ser adicionado um excesso de água ao solo para assegurar a espessura da dupla camada e alterar o estado do solo.

Compressão 1-2-2-6

Quando o solo se destina a ser condensado a nível doméstico ou a ser utilizado como agregado de brita, a sua compactação deve ser garantida. Nesta investigação, foi utilizado um teste padrão com um transferidor para determinar as características de condensação. Para os solos contaminados, a gravidade específica do solo seco é consideravelmente mais elevada do que a do solo não contaminado e atingiu um teor de humidade relativamente menor. Uma vez que as partículas e as sementes estão cobertas por óleo, este poluente actua como um lubrificante muito forte e resulta numa gravidade específica muito elevada com um teor de humidade muito baixo. Na Fig. 1-8, estes resultados são visíveis.

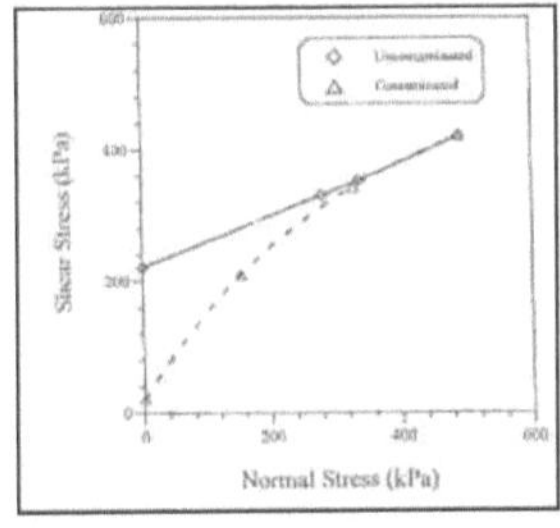

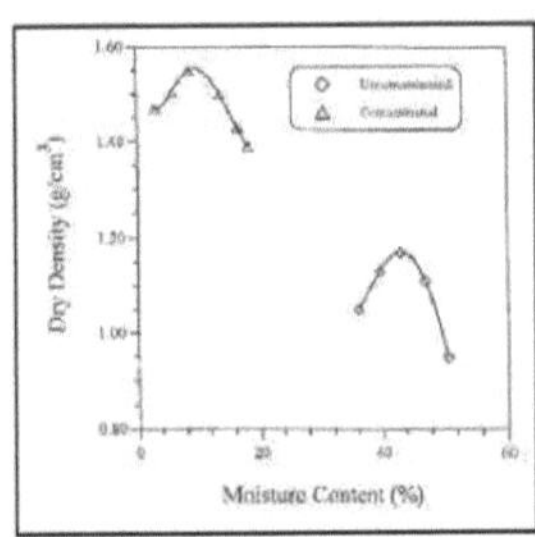

Figura (1-8) Relação entre a densidade e o teor de humidade, Figura (1-9) da argila Mohr-Colombiana para argila infetada e não contaminada

1-2-2-7 Resistência ao corte

A resistência ao cisalhamento, uma vez que afecta a capacidade de suporte e também a estabilidade do sistema de fundação em estruturas de engenharia civil, é um parâmetro muito determinante no solo. A resistência ao cisalhamento considerada para comparação é a resistência obtida a partir do ensaio de pressão triangular não drenada do sistema de drenagem. A dimensão da amostra utilizada para este ensaio é de 1,5 centímetros de diâmetro e 10,2 centímetros de altura. Os provetes foram secos até 12 kJ / m3. Os resultados desta experiência são apresentados na Fig. 5, que mostra que em todas as tensões, a contaminação do solo é inferior à do solo não contaminado, enquanto que nas tensões limite, a resistência foi ligeiramente superior à resistência do solo não contaminado.

Um aumento do teor de argila da mistura com óleo pode dever-se à acumulação de partículas na presença de óleo. Por conseguinte, o tecido testado quanto à resistência é do tipo F-2 (textura argilosa infetada). Em todas as tensões, a resistência é reduzida devido à formação de partículas de grandes dimensões, à redução da superfície específica e, consequentemente, à redução da aderência, o que pode ser claramente observado no caso Mohr-Columbian (Fig. 1-9). Em todas as tensões elevadas, a resistência é relativamente elevada, o que indica a dependência da resistência da argila impregnada de óleo em relação à tensão total.

1-3 Declaração dos objectivos da investigação

Os derrames de petróleo ocorrem por várias razões, incluindo fugas de reservatórios submarinos, acidentes com petroleiros, fugas naturais, etc. O derrame de petróleo provoca a contaminação do solo e altera os parâmetros geotécnicos dos solos. Afecta também as propriedades físicas e mecânicas dos solos contaminados com petróleo bruto, a estabilidade dos taludes, a capacidade de suporte e outras estruturas. Nesta investigação, tentámos estudar as propriedades geotécnicas do solo com base em experiências com solos contaminados com petróleo.

1-4 A importância para a investigação

Durante a última década, foram efectuadas várias investigações sobre a relação entre as características físicas e o comportamento dos solos contaminados por petróleo (ou com petróleo). No entanto, mais investigação leva à identificação de outros factores relevantes na engenharia geotécnica. Embora o número de pesquisas publicadas, mas os seus resultados indicam que o ângulo de fratura da tensão total do solo diminui quando o óleo é contaminado com óleo. Muitos derrames de petróleo também contaminam os solos de baixa profundidade. Quando o solo sofre contaminação por petróleo, a capacidade de suporte final e o ângulo de fratura do solo são reduzidos.

1-5 Aplicações de investigação

O petróleo é um dos materiais hidrocarbonetos mais utilizados. Este fluido é armazenado ou transmitido de várias formas devido à sua elevada aplicação neste local. As fugas de contaminação por hidrocarbonetos podem dever-se a razões como fugas de tanques, linhas de transmissão antigas e deterioradas, explosões, catástrofes naturais como terramotos e danos causados por factores artificiais como acidentes. A fuga de hidrocarbonetos provoca a contaminação do solo e da água, e a contaminação do solo provoca alterações nas suas características geomecânicas e pode subsequentemente alterar a estabilidade dos taludes, a capacidade de carga, etc.

A contaminação do solo por petróleo e os seus efeitos na engenharia do solo em diferentes partes do mundo, incluindo em países ricos em petróleo. Ao realizar esta investigação, os projectistas podem tomar decisões importantes em áreas contaminadas, adoptando um coeficiente de ocorrência fiável. Devido à sua solubilidade, volatilidade e biodegradabilidade, os hidrocarbonetos de petróleo são um dos poluentes mais comuns no ambiente e são conhecidos por muitas substâncias tóxicas que se encontram inflamáveis através de refinarias, fluidos ou fugas de tanques de combustível subterrâneos, entram no solo e nas águas subterrâneas e põem em perigo a sua saúde, e ameaçam a saúde humana e o ambiente.

CAPÍTULO 2

Uma visão geral da literatura de investigação

2-1 Introdução

O estudo do efeito da contaminação do solo pelo petróleo bruto tem sido efectuado desde 1992 por vários investigadores.

Nestes estudos, o solo com diferentes percentagens de peso (rácio óleo / peso seco) foi testado com óleo misturado após um período de uma semana a um mês. Foi testada uma variedade de solos de cascalho e argila, óleo com especificação (de gravidade específica e gravidade específica) e diferentes parâmetros. O quadro seguinte apresenta os estudos mais significativos realizados desde 1992 neste domínio. O tipo de solo e os parâmetros testados também são especificados nesta tabela.

2-2 Revisão de artigos anteriores

Segue-se um resumo da investigação efectuada no quadro (2-1).

Quadro (2-1) Síntese da investigação efectuada no domínio da investigação

Researcher	Soil Type	Year	Tested parameters	
Hashim Mohamed et	Clay-Sand	2013	Atterberg limits, Condensation, Consolidation, CBR, Tensile Pressure	1
Ashraf K. Nazir	Clay	2012	Influence of soil oil contamination on the Atterberg limits, pressure unconstrained force, permeability coefficient and compression index	2
Ijimdiya,T.S. and Igboro, T.	Clay	2010	The behavior of soil-contamination in oil	3
Ahmed M. A. Nasr	Sand	2009	Theoretical and experimental studies on the effect of oil spill on the pivot column alignment	4
Ur-Rehman,Habib et	Clay	2007	Basic and advanced geotechnical tests, cation displacement capacity, inflation pressure	5
khamehchiyan,M et	Clay-Sand	2006	Atterberg limits, density, straight cut, single axial pressure, permeability	6
Shah, Sanjay J et al	Clay-Sand	2003	Stabilized by lime, cement and **FlyAsh and tested** c, Φ, σc	7
shin, Eul Chun et al	Sand	2000	Shear strength (direct shear test), permeability	8
shin, Eul Chun et al	Sand	1999	Shear Strength (Direct Cutting Test)	9
Meegoda, Jay N. et	Gravel-Sand	1998	Comparison of the effects of polar and nonpolar pollutants on crop behavior	10
Al-Sanad, Hasan A.	Sand	1997	Direct cutting, three axial, consolidation	11

Prakash, Shemsher	Sea Sand	1997	Static geotechnical specifications	12
Al-Sanad, Hasan A.	Sand	1995	Basic specification, density and permeability, three axial and consolidation, direct cutting	13
Tuncan, A. et al	Sea Clay	1992	Physic-chemical characteristics, ductile properties, microstructures, shear strength, hardness, permeability, compressibility	14
Cook, E. E.	Sand	1992	Compaction, shear test, single axial pressure	15
Pamuku, Sibel&...	Kaolinite clay	1992	Stabilized by lime, cement	16

2-2-1 Uma visão geral dos artigos publicados

Impacto do tempo nos solos arenosos do Kuwait contaminados com petróleo bruto

(Hasan A.Al-Sanad e Nabil F.Ismael 1996)

Os ensaios realizados incluem o corte direto, o tri-axial e a consolidação.

Contaminação e condições de armazenamento das amostras: O solo preparado a partir do local é misturado com óleo na proporção de 6% do peso seco do solo e é armazenado em contentores galvanizados a uma temperatura exterior de 1 x 1 * 0,2 durante 6 meses. As experiências são efectuadas a Os intervalos de 1,3 e 6 meses foram retirados da amostra.

Resultados: Durante 6 meses, devido à volatilidade do óleo, o solo torna-se mais duro, embora esta dureza seja menor do que a do solo não poluente, o aumento do ângulo de atrito do solo de 28 para 32 em seis meses e um aumento de 17,5% da resistência durante este período 11% menos livre de contaminação. O aumento da compactação do solo é outro resultado desta investigação.

Efeitos da contaminação por petróleo nas propriedades do solo em Bushehr

Efeitos da contaminação por petróleo nas propriedades do solo em Bushehr

(Mashallah Khamhchian e Amir Hossein Charkhabi e Majid Tajik 2006)

As experiências incluíram: granulação, rotunda, compressibilidade, corte direto, força de compressão sem junção e permeabilidade.

Tipo de solo examinado: SP, SM, CL.

Contaminação e preparação das amostras: São colhidas 14 amostras a uma distância de 3 km do solo na linha de costa do solo, com um diâmetro de amostragem de 30 cm. A amostra foi obtida com uma taxa de infeção de 4,8,12%, 16% Misturas brutas

Exame: Concentração, distribuição da granulação, PH e condutividade eléctrica

Comportamento geotécnico de um solo de grão fino com petróleo

(Habib-ur-Rehman.Sahel N,Abduljauwad, Tayyeb Akram 2007)

As experiências consistiram em: Limites de Atterberg, índice de densidade, consolidação unidimensional tridimensional não compactada, consolidação unidimensional, porcentagem de inflação

Tipo de solo examinado: CH

Preparação da amostra: Uma amostra de cotonete preparada a partir do local lavado para permitir que o grão passe através de uma peneira número 40, em seguida, a amostra é completamente saturada com petróleo bruto para atingir uma concentração seca de 12 kN / m 3, em seguida, a amostra é tomada por uma semana É seco Estudos teóricos e laboratoriais sobre o comportamento de pilares de tira em areia contaminada com petróleo bruto (Ahmed M. A. Nasr 2009)

Estudos de caso: Capacidade de suporte e estática

Preparação da amostra: Mistura de areia com 0-5% de petróleo bruto

Resultado: O comportamento sísmico e a capacidade de suporte final do pilar são significativamente aumentados. O aumento da profundidade da camada de areia resulta num aumento do coeficiente de sismicidade ao longo da profundidade da camada de areia.

Efeito da contaminação do solo por hidrocarbonetos nas especificações geotécnicas do solo

(Zulfahmi Ali Rahman,Umar Hamzah,Mohd.Rahan Taha 2010)

Tipo de solo examinado: SP

Experiências realizadas: Limites de Atterberg, compressão, permeabilidade, não consolidado indiferenciado, três eixos

Contaminação e preparação da amostra: A amostra é misturada com 0-4% de petróleo bruto. Conclusões: A redução da quantidade de fluido e da quantidade de massa, a redução da concentração seca e das percentagens de saturação e a redução da permeabilidade são outros resultados deste estudo.

O comportamento do solo contaminado com óleo

(Ijimdiya,T.S. e Igboro,T. 2010)

Tipo de solo examinado: castanho-avermelhado CL.

Experiências efectuadas: distribuição de grãos, força de compressão não confinada USC, coeficiente de condensação cv, coeficiente de densidade volumétrica Mv e coeficiente de porosidade.

Percentagem de contaminação e preparação da amostra: Mistura de terra numa profundidade de meio metro de solo preparado com 2,4,6 por cento de petróleo bruto.

Conclusões: Verifica-se uma redução significativa da quantidade de agregados em concentrações elevadas de contaminação, redução da resistência à compressão não confinada e do coeficiente de porosidade, aumento do fator de densidade e do coeficiente de consolidação.

Influência da contaminação por hidrocarbonetos nos depósitos graníticos e sedimentares

(Zulfhmi Ali Rahman , Noorulakmabinti Ahmad 2011)

Especificações do tipo de solo:

Granito: argila 4%, silte 33%, areia 38%

Sedimentar: 29% argila, 43% silte, 4% areia

Experiências realizadas: Limites de Atterberg, peso especial, densidade, resistência ao cisalhamento UU não diluído e distribuição de agregados.

Percentagem de contaminação e preparação da amostra: adição de 4,8, 12, 16% de petróleo bruto ao solo sujo preparado a partir do local.

Conclusão: Ao aumentar a percentagem de contaminação no intervalo de Atterberg, a concentração seca máxima, o teor de água ótimo e a resistência ao cisalhamento drenada não diluída são diluídos.

Influência da contaminação do solo por hidrocarbonetos na argila pré-consolidada (Ashraf K. Nazir 2011)

Tipo de solo examinado: argila pré-consolidada.

Experiências efectuadas: Limites de Atterberg, força de pressão não pressurizada, coeficiente de permeabilidade e índice de compressão.

Como fazer a amostra e a percentagem de contaminação: Colocar o solo intacto obtido no local dentro do tanque e aplicar a pressão de 65 kPa e depois misturar com petróleo bruto para criar as condições ambientais reais

Conclusões: A redução de 38% da força de pressão sem pressão em relação à normal, bem como a redução dos limites de Atterberg durante os três meses de contaminação, o aumento da permeabilidade e o impacto insignificante no coeficiente de consolidação foram outros resultados deste estudo.

O Impacto da Contaminação por Petróleo nas Propriedades da Argila do Delta da Região Nigeriana (Adejumo T Elisha 2012)

Tipo de solo testado: argila mole Área de estudo da Nigéria

Experiências efectuadas: Limites de Atterberg, porosidade, resistência ao cisalhamento não diluída não diluída

Como obter a amostra e a percentagem de contaminação: A amostra é retirada do ambiente contaminado e são efectuados os testes relevantes.

Resultados: A concentração de solo seco no estado não contaminado é de 14 kN / m^3 , 17,9% no estado infetado é aumentado a nível psicossocial e 6,9% de aumento no conteúdo de plástico é outro resultado deste estudo. Além disso, a porosidade e a inflação também são reduzidas.

Influência da contaminação por petróleo nas características da argila e da areia

(Hashim Mohammad Alhassan, Sabiu Abdullahi Fagge 2013)

Tipo de solo estudado: argila, solo residual de rocha sedimentar, areia de fricção Experiências realizadas: Limites de Atterberg, densidade, consolidação, coeficiente CBR, pressão tri-axial

Como fazer a amostra e a percentagem de contaminação: misturando 2,4,6 por cento de óleo de baixa densidade com terra preparada no local

Resultados: Aumento da resistência ao cisalhamento dos solos sedimentares e arenosos, bem como aumento da resistência da argila na percentagem de contaminação de 2 e 4%, e diminuição da resistência na percentagem de contaminação de 6%

Redução do coeficiente CBR nas três amostras de solo, bem como aumento da concentração das três amostras, que diminui com o aumento dos níveis de contaminação.

Resultado:

Em todas as percentagens de contaminação, com o tempo, o limite psicológico e o limite de massa são reduzidos. No que diz respeito às características de compactação, o aumento da percentagem de contaminação reduz o teor de humidade ótimo e aumenta o peso seco, mas com o aumento do tempo de vida da contaminação, diminui o teor de humidade ótimo e aumenta o peso específico seco, mas o aumento do tempo de vida do poluente em todas as percentagens de contaminação aumenta o teor de humidade ótimo e a gravidade específica do solo seco.

CAPÍTULO 3

Apresentação das ferramentas e dos materiais estudados

3-1 Introdução do solo utilizado

Neste estudo, para avaliar o papel da contaminação do solo na resistência e concentração do solo na zona da Babilónia, foram retirados do local próximo do laboratório, a uma profundidade de um metro, cerca de 50 kg de solo. No local do laboratório, foram efectuados ensaios de identificação do solo. O solo é obtido a partir de um local argiloso com baixa plasticidade, que damos aos resultados das experiências abaixo.

3-1-1 Segmentos

O ensaio de granulação do solo é efectuado de acordo com a norma ASTM D422. De acordo com esta norma, determina-se a granulação do solo para as sementes com mais de 75 micrómetros (resíduo nas peneiras de 200) por peneiração e para as peneiras com menos de 75 micrómetros (passagem do n.º 200) através da realização de um teste hidrométrico e da observação do processo de sedimentação das sementes.

O gráfico da gravilha do solo, bem como o quadro da percentagem de granulação, estão representados nas figuras 1-3 e 2-3.

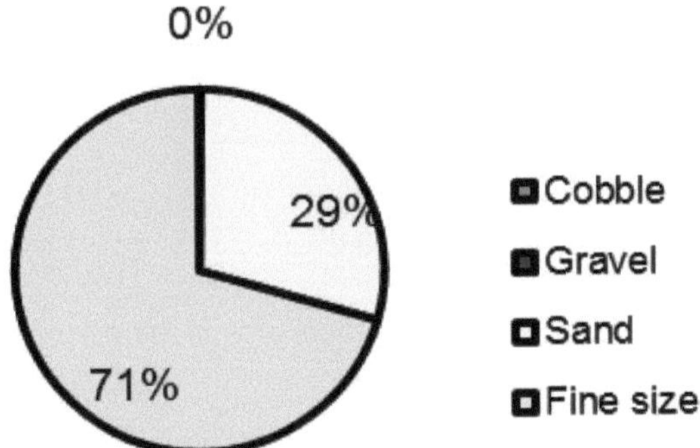

A Figura 1-3 mostra a percentagem de solo de grão fino e grosseiro utilizado no solo

Tabela (1-3) Características da utilização da partição do solo

Passing sieve No. 4	29.0	Cu	56.77
Passing sieve No. 200	71.0	Cc	0.21
D10	0.001	LL	23
D30	0.004	PL	15
D50	0.015	PI	8
D60	0.068	Soil Type	CL

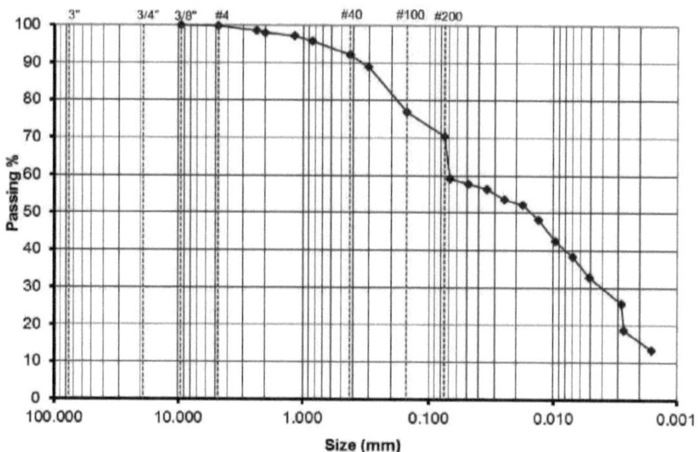

Figura (2-3) A carta de parcelas de solo

3-1-2 Limites de Atterberg

Este ensaio está em conformidade com a norma ASTM D 422 -63. São apresentados a curva e o quadro dos valores obtidos nas experiências (2-3) e (3-3).

Tabela (2-3) Valores dos limites de Atterberg

Liquide Limit (LL)	25
Plastic Limit (PL)	15
The plasticity index	9

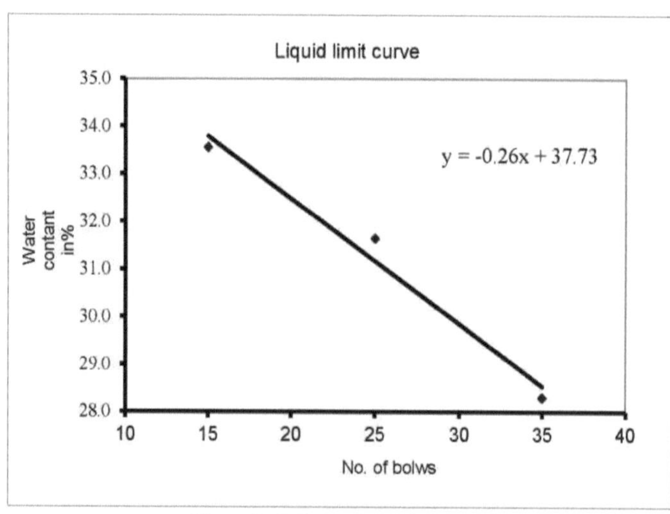

Figura (3-3) Curva limite de líquido

16

3-1-3 Gravidade específica (Gs) e teor de humidade

O solo do ambiente foi imediatamente testado quanto ao teor de humidade específica e à densidade, e os valores obtidos são apresentados no Quadro 3-3.

Tabela (3-3) Densidade específica e densidade de humidade

Specific Density (Gs)	2/71
Specific Density	20/03

3-1-4 Areia equivalente (Densidade no local)

Este ensaio foi realizado de acordo com a norma ASTM D 2419-09 e tem como objetivo determinar a percentagem de compactação do solo para a preparação de amostras que correspondam à densidade do solo no local. Os dados e resultados desta experiência são apresentados na Tabela (3-4).

Tabela (3-4) Valores obtidos no ensaio de equilíbrio de areia

Maximum dry weight	Ydmax	2.20 gr/cm^3

Log Number	Soil Weight	Sand Weight	Volume	Special Weight	Moisture percentage	Special Weight	Percentage of density
	Wet(gr)	Wet(gr)	Cm^3	Wet(gr/cm^3)	%	Dry(gr/cm^3)	%
A	1445.3	1333.0	888.67	1.40	19.79	1.17	53.07

3-2 Especificações do óleo consumível

O óleo utilizado neste estudo é para contaminar as amostras da refinaria de Isfahan, que é descrito no quadro (3-5).

Quadro (3-5) Especificações do óleo consumível

92/14	Viscosity at 10 ° C
2/2	Dielectric constant
33/88	API
0/8556	Specific gravity at 15.56 degrees Celsius

3-3 Ensaio mono-axial

O ensaio axial simples é utilizado para determinar a resistência ao cisalhamento de sujidade pegajosa ou de solos com fricção pegajosa.

O dispositivo mono-roscado utilizado tem um medidor de 5 KN com uma precisão de 0,5 N, que está ligado à parte superior do dispositivo e indica a força de carga com uma precisão de 0,1 kg. O processo de carga do dispositivo é um controlo de tensão com uma variação de 1,27 mm/min. A figura (3-4) mostra o dispositivo monocromático utilizado no ensaio.

Figura (3-4) Máquina de ensaio axial simples

A preparação da amostra é efectuada de forma a que o solo seja retirado do nylon durante o ensaio e seja completamente misturado com uma espátula.

Depois, num cone CBR, é vertido em três camadas e, em seguida, engrossado por martelo, dependendo da densidade do meio, e depois pelo molde Uma máquina monoaxial irá amostrar o solo cuidadosamente e a amostra obtida será testada em nylon para evitar a secura e a perda de humidade. Note-se que o diâmetro dos provetes é de 38 mm e a altura é de 76 mm, como se pode ver na figura (3-5) do dispositivo com a amostra.

Figura (3-5) do dispositivo unidirecional juntamente com a amostra a ser ensaiada

3-4 Ensaio de cisalhamento direto

O ensaio de cisalhamento direto é uma das outras experiências de mecânica dos solos para determinar o comportamento da resistência do solo. Devido à sua simplicidade e justificação económica, é amplamente utilizado.

Embora a maior desvantagem deste ensaio, o defeito definitivo da placa de fratura ao longo da placa de separação das duas secções superior e inferior do modelo inclua o provete, no entanto, apesar da uniformidade da granulação e da homogeneização do provete durante a construção, não parece ser Este defeito é um problema fundamental nos resultados do ensaio.

O ensaio de cisalhamento direto, proposto pela primeira vez em 1776 por Coulomb, é o ensaio de cisalhamento mais antigo.

Este ensaio é o método mais utilizado para determinar a resistência ao cisalhamento da drenagem (resistência ao cisalhamento baseada na tensão efectiva) em solos não aderentes. Este ensaio também pode ser efectuado em solos aderentes. A resistência ao cisalhamento obtida consiste em três partes:

1-Adesão entre os grãos do solo (C), que é inerente aos grãos do solo e independente de forças externas.

2- A resistência ao atrito é proporcional às tensões verticais que actuam na superfície de deslizamento (σ_n) e ao ângulo entre os grãos do solo, denominado ângulo de atrito interno (φ).

3- O entupimento dos grãos do solo diminui em tensões de fechamento elevadas devido à quebra de pontos afiados dos agregados de grãos, à fratura de componentes próprios e também ao alisamento de componentes no ponto de contacto.

4- A resistência ao cisalhamento do solo é expressa essencialmente pela equação (3.2). Esta equação é designada por Σ-T **no sistema de coordenadas e representa uma** reta cujo declive indica a quantidade de aderência em relação ao horizonte, o ângulo de atrito interno e a largura da sua origem.

$$\tau_f = c + \sigma_n \cdot \tan \varphi \qquad\qquad 1\text{-}3$$

Neste ensaio, existem três métodos baseados na determinação das condições de drenagem. Num ensaio sem drenagem (UU), o cisalhamento da amostra antes de o solo ser consolidado sob a influência da pressão vertical, será iniciado. Para um ensaio de drenagem (CU), a força de cisalhamento não é aplicada até que a amostra seja submetida a tensões de carga vertical.

Para um ensaio consolidado drenado (CD), a amostra não começa a fissurar até que a porta seja parada; então a força de cisalhamento deve ser aplicada a um grau que não exija qualquer pressão adicional na cavidade da amostra.

Isto é, se o provete mostrar uma tendência para dilatar, deve haver tempo suficiente para a água entrar na amostra e vice-versa, se a amostra mostrar uma tendência para a densidade, deve haver tempo suficiente para a água sair da amostra.

3-4-1 Descrição do dispositivo de ensaio de cisalhamento direto e do equipamento necessário

O dispositivo de cisalhamento direto, que é mostrado na Fig. 3-6, é composto por diferentes partes, cuja descrição é feita a seguir.

Figura (3-6) Vista do dispositivo de corte direto

3-4-1-1 Caixa de cisalhamento

É constituído por duas meias-caixas com uma secção metálica circular ou quadrada. A metade superior do ensaio mantém-se constante e a metade inferior é deslocada através da aplicação de uma deslocação horizontal. Existem quatro parafusos na parte superior da caixa superior, dois dos quais se destinam a fixar as duas meias-caixas durante a colocação da amostra numa caixa e outros dois a regular o atrito entre as duas meias-caixas durante o corte. Depois de a amostra ser colocada na caixa e antes do ensaio, os dois parafusos são totalmente abertos.

Figura (3-7) e (3-8) componentes da caixa de corte

3-4-1-2 Pedras porosas

O género destas rochas é escolhido para ser de boa resistência ao solo e à água. A porosidade da pedra deve ser proporcional ao tamanho dos grãos do solo. Por outras palavras, é tão grossa que pode criar a sujidade adequada e é tão pequena que as sementes do solo não podem passar através dela. Estas pedras, juntamente com o molde e outros componentes, são mostradas na Fig. 3-9.

Fig. 3-9. Pedra porosa, máquina de cisalhamento direto

3-4-1-3 Equipamento de carga

- Equipamento para medição de cargas verticais

A força vertical é aplicada por uma alavanca carregada com uma carga ou um equipamento pneumático. Este equipamento deve ser capaz de suportar a carga numa gama de 1% da carga requerida.

- Equipamento de corte de amostras

Este equipamento deve ser capaz de cortar amostras a uma taxa uniforme com menos de 5% + de oscilação. Além disso, a taxa de deslocação deve ser ajustável entre 0,05 e 2 mim/min. A velocidade do ensaio depende da resistência da amostra. A força de cisalhamento é geralmente aplicada por um motor elétrico e uma caixa de velocidades à amostra e medida por um aro ou célula de carga. O peso da caixa de corte superior deve ser inferior a 1% da força vertical aplicada. Neste caso, o peso da caixa superior deve ser neutralizado por um peso de equilíbrio. A Figura 10-10 mostra a caixa de corte.

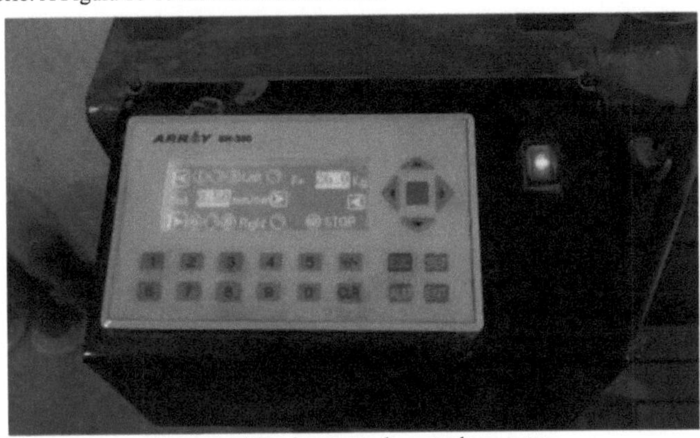

Figura 3-10 Equipamento de corte de amostras

O dispositivo de carga neste ensaio é um conjunto que permite a aplicação de força vertical e força de cisalhamento. A força vertical correcta após a inserção da caixa de cisalhamento é normalmente realizada através da colocação de determinados pesos no suspensor até ao nível superior da amostra. Para uma distribuição uniforme, uma bala de metal e uma tampa de ferro fundido são colocadas na amostra.

É possível a aplicação de uma força de cisalhamento dupla: Em primeiro lugar, a força de cisalhamento é aplicada de forma a que a taxa de transferência seja controlada. Esta funcionalidade está disponível através de um motor elétrico e de uma caixa de velocidades. A força de corte é indicada pelo anel de nylon. O passo de corte continua até atingir um deslocamento de 10 a 20% do diâmetro inicial da amostra ou da parte de trás da faca.

No segundo caso, a força de corte é aplicada de forma incremental. Um cabo é ligado à metade superior da caixa de corte. Este cabo é ligado a um pendente através de uma roda e carrega-se no pendente. Ao adicionar o peso ao suspensor, a força de corte aumenta. Com o aumento da variação horizontal da amostra, devem ser adicionados pesos mais leves ao suspensor. Quando a força de cisalhamento da amostra é atingida, a amostra é rapidamente dividida em duas metades.

Entre os dois métodos, o método controlado é mais frequentemente utilizado para a deformação.

3-4-1-4 Especificações técnicas da máquina

- Ecrã 4x16 com retroiluminação
- **A velocidade de carregamento é igual a 0,5 mim/min**
- **A caixa de velocidades tem uma potência de 200 watts**
- **Ligação a PC com porta RS 232**
- **Mostrar a força real e a força máxima com base em N**
- **Sistema de controlo PLC**
- **Inclui micro-interrutor limitador de movimento**
- Calibração do software
- **Um relógio indicador com uma classificação de 20 mm e uma precisão de 0,01 mm para medir o** deslocamento da horizontal (cisalhamento)
- **Com um relógio indicador de 5 mm e uma precisão de 0 mm para a** medição **da deslocação vertical** (densidade)
- Tem sobrecarga de software para desligar o sistema

3-4-2 Descrição do processo de ensaio

Neste estudo, com o objetivo de avaliar o efeito do óleo com 2, 4 e 6 por cento no solo, nos períodos de 10, 20 e 30 dias, foram realizadas um total de 9 experiências com contaminação e um ensaio com solo não contaminado, através de ensaios de corte direto, cujos resultados são apresentados no capítulo seguinte. As amostras obtidas em duas camadas de nylon foram colocadas para evitar a humidade. Em seguida, para cada período de tempo e contaminação, foram realizados três ensaios de corte direto com cargas de 1, 3 e 5 kg, de acordo com a norma ASTM D 3080.

As tensões normais aplicadas neste ensaio são de 17,5, 37,5 e 57,5 KPa, e a taxa de cisalhamento é de 0,5 mm/min.

3-5 Ensaio de consolidação

Os solos saturados e os solos orgânicos são resistentes aos sedimentos devido à grande quantidade de carga estável.

São frequentemente os pesos estruturais directos que provocam o afundamento dos solos orgânicos e pegajosos, mas factores secundários, como a descida dos níveis freáticos, podem provocar o afundamento. Os solos argilosos saturados ou orgânicos têm três componentes diferentes: sedimentação imediata, primária e secundária. A Figura 3-11 mostra o dispositivo de consolidação. Este ensaio fornece um método para determinar a quantidade e a velocidade de consolidação de um solo em condições fechadas adjacentes com drenagem vertical sob carga de tensão. Foram propostos dois métodos:

O primeiro método:

Neste método, o ensaio é efectuado com patamares de carga constante durante 24 horas ou um coeficiente. Desta forma, a leitura do tempo de acordo com o assentamento é necessária para, pelo menos, dois passos de carga. O segundo método:

A leitura do tempo é efectuada de acordo com o assentamento para todas as etapas de carga. Carregamento após o tempo necessário para uma consolidação inicial de 100% ou após um período fixo - semelhante ao primeiro método.

Figura (3-11) Dispositivo de consolidação

Algumas dicas para uma maior reflexão:

1. Este ensaio é normalmente efectuado em solos saturados.

2. Normalmente, o período de tempo em que cada pesagem está no dispositivo é de um dia inteiro. No caso de solos com uma permeabilidade superior à da argila, como é o caso da argila densa, as etapas podem ser mais curtas em menos tempo, consoante a variação de forma.

3. Em cada fase, a carga duplica. A principal razão é o facto de os resultados serem apresentados de forma semi-logarítmica e de a distância entre os pontos ser igual neste caso. Além disso, os pesos desta máquina foram concebidos para este tipo de carga.

4. Se, ao fim de um dia, a deformação ainda não tiver parado, a carga pode ser mantida durante um dia na amostra. Mas deve notar-se que o declive da curva (deformação-tempo) não é muito suave. Nesse caso, as deformações estão relacionadas com a consolidação secundária e o passo seguinte pode ser carregado. O objetivo do ensaio de consolidação é determinar os parâmetros eficazes para prever a intensidade do sedimento

e a sua quantidade nas estruturas baseadas em solos argilosos.

3-5-1 Equipamento experimental.

3-5-1-1 Equipamento de carga.

Equipamento adequado para carga vertical (tensão total) para amostra Este equipamento deve ter a capacidade de aplicar carga durante um longo período de tempo com uma precisão de +0,5% de carga, e pode também aumentar a carga sem impacto significativo até uma certa quantidade.

3-5-1-2- O formato da consolidação.

Este modelo segura o espécime dentro de um anel, em ambos os lados do qual há rochas porosas. O diâmetro interior do anel deve ser medido em 0,075 mm. O molde de reforço também deve ter a capacidade de submergir a amostra, transferir carga vertical para as rochas porosas e medir as mudanças de altura da amostra. O diâmetro mínimo da amostra deve ser 10 vezes o diâmetro do agregado maior.

Os anéis rígidos à volta da amostra devem ser tais que, nas condições hidrostáticas do provete, a variação do diâmetro da amostra seja inferior a 0,03% do diâmetro sob a carga máxima. Os anéis à volta da amostra devem ser de um sexo que não tenha um contacto corrosivo com o solo ensaiado. A superfície interior do anel deve ser completamente polida e polida ou revestida com um material de baixo atrito. Recomenda-se a utilização de massa lubrificante de silicone para este efeito.

Figura (3-12) Peças do dispositivo de consolidação

3-5-1-3 Pedra porosa

As pedras porosas devem ser do mesmo tipo que o carboneto de silício, o óxido de alumínio ou materiais não corrosivos. As partículas de pedra porosa devem ser suficientemente pequenas para permitir a penetração do solo nos seus poros. Se necessário, o papel de filtro pode impedir a penetração do solo nos poros da pedra porosa. No entanto, a penetração das rochas porosas e do papel de filtro (se utilizado) deve ser, pelo menos, o dobro da permeabilidade da amostra de solo. O diâmetro das rochas porosas superiores deve ser cerca de 0,2 a 0,5 milímetros inferior ao diâmetro da circunferência interna da amostra. A espessura das rochas porosas deve ser tal que não se parta. A rocha porosa superior é carregada com uma placa rígida com resistência à corrosão suficiente para evitar o seu esmagamento. As rochas porosas devem estar limpas, sem fissuras, sem vibrações e suaves. As pedras porosas devem ser fervidas em água durante 10 minutos antes de serem utilizadas e depois deixadas em água até atingirem a temperatura ambiente. De cada vez, imediatamente após a utilização de pedras porosas, estas pedras devem ser limpas e fervidas com uma escova macia para permitir que os seus poros se mantenham. Recomenda-se que as pedras porosas não sejam utilizadas em alguns casos. Estas pedras são conservadas num recipiente sem ar.

3-5-1-4 Configurador de deslocamento

Para medir a variação da espessura do provete, é necessário um calibre de precisão de 0,01 mm. Pode ver a forma na Fig. 3-13.

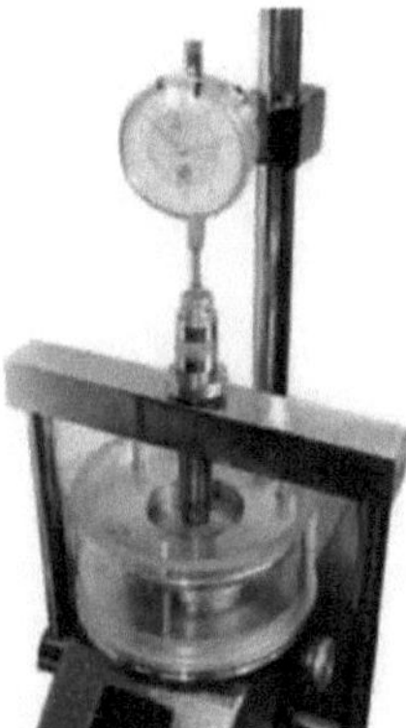

Figura (3-13) Dispositivo de deslocação do configurador

3-5-1-5 Amostra de equipamento de pagamento

Para preparar pequenas amostras intactas, podem ser utilizados anéis de corte cilíndricos ou circulares de maiores dimensões. O anel de corte deve ter um bordo afiado com uma superfície interior perfeitamente polida. A circunferência interna do anel de corte deve ser exatamente igual ao diâmetro interno do anel que envolve a amostra e deve poder ligar-se a ela. A superfície interna do anel de corte deve ser revestida com um material de baixa fricção. Se se utilizar uma mesa rotativa, a ferramenta de corte deve ser tal que o diâmetro da amostra seja exatamente igual ao diâmetro interior do anel.

3-5-2 Processo de teste

A preparação da amostra é efectuada de acordo com o tempo previsto para abrir o gargalo de nylon correspondente com 5 e a percentagem de contaminação da amostra no dia anterior ao carregamento. A amostra será saturada durante 12 horas. A preparação da amostra, tal como amostras de eixo único e corte O fornecimento direto é a única diferença entre o modelo de consolidação para consolidação, que não requer uma amostra, e está equipado com um molde num compartimento especial para consolidação. As amostras são carregadas e carregadas para este ensaio de acordo com a norma ASTM D 2435.

As cargas utilizadas para o carregamento são de 0,5, 1, 2, 4, 8 e 16 kg, respetivamente, e o carregamento é descendente, o que, em geral, cada amostra é carregada e colocada no dispositivo de consolidação durante 11 dias. No tempo correspondente, observa-se uma deslocação vertical.

3-6 Conceção de experiências

Após as experiências iniciais para identificar o solo, incluindo a granulometria e a gravidade específica do ensaio axial simples, com o objetivo de investigar o efeito do petróleo na resistência axial simples do solo contaminado com as percentagens 2, 4 e 6 no intervalo de tempo de 10, 20 e 30 dias e compará-lo com o solo sem petróleo. Também foi realizado o ensaio de cisalhamento direto para determinar os parâmetros de cisalhamento do solo na presença de derivados de petróleo com as porcentagens citadas acima e o mesmo intervalo de tempo do ensaio monoaxial. É de salientar que as experiências realizadas com a máxima precisão e multiplicidade foram feitas para reduzir os erros. Os exemplos são apresentados nas suas tabelas no capítulo seguinte.

Outro teste, que é efectuado para avaliar a infiltração do solo e a sua comparação com o solo em estado normal, é um teste de consolidação no qual os parâmetros de infiltração do solo são obtidos e comparados com o solo não contaminado. A Tabela (3-6) resume as experiências realizadas neste estudo.

Tabela (3-6) Experiências realizadas nesta investigação

Period (Day)	Oil contamination (%)	Type of test
0	0	Single Axial Test
10	2% ‹4% ‹6%	
20	2% ‹4% ‹6%	
30	2% ‹4% ‹6%	
0	%0	Direct shear test
10	2% ‹4% ‹6%	
20	2% ‹4% ‹6%	
30	2% ‹4% ‹6%	
0	%0	Consolidation Test
10	2% ‹4% ‹6%	
20	2% ‹4% ‹6%	
30	2% ‹4% ‹6%	

CAPÍTULO 4

Resultados e discussão

4-1 Introdução

Os resultados das experiências efectuadas neste capítulo foram apresentados, avaliados e analisados. Nesta investigação, a quantidade de contaminação por petróleo e o intervalo de tempo do seu efeito são considerados como uma variável.

Foram realizados ensaios monoaxiais e de cisalhamento direto para avaliar a resistência ao cisalhamento do comportamento do solo argiloso frente à contaminação e duração por esses materiais.

Além disso, para avaliar a suscetibilidade do solo à contaminação, foi efectuado o ensaio de consolidação para todas as percentagens de contaminação e intervalos de tempo mencionados no capítulo anterior. De seguida, os resultados da contaminação no intervalo de tempo são apresentados separadamente e discutidos.

4-2 Análise do efeito da contaminação por óleo na resistência axial simples do solo

Este teste é semelhante ao teste de três eixos, exceto que não se encontra na célula.

Então:

$$\sigma 3 = Cte = 0$$

Neste ensaio, a velocidade da pressão é controlada manualmente e por um cronómetro. A experiência prossegue até à rotura completa da amostra e, em seguida, é traçada a curva de tensão. O resultado desta experiência é o cálculo da aderência da drenagem do solo.

Neste estudo, solos com proporções de 2, 4 e 6 por cento foram contaminados com óleo e armazenados em duas camadas de nylons para manter o teor de umidade primária do solo. Durante o período de 10, 20 e 30 dias após a confeção da amostra na forma de densidade padrão com atenção

O espécime foi transformado numa amostra de densidade e foi efectuado um ensaio monoaxial em amostras. Na amostra, tentou-se retirar a amostra do solo em termos de densidade e teor de humidade, a fim de obter os resultados obtidos com o facto de estar muito próximo Todas as amostras têm 76 mm de diâmetro e 36 mm de diâmetro. Todos os ensaios são efectuados para todas as percentagens de contaminação e intervalos de tempo de três vezes. A resposta média foi utilizada como resultado.

As leituras efectuadas neste ensaio são utilizadas para registar a força aplicada na amostra para um deslocamento vertical de um milímetro. Os resultados são apresentados abaixo com o gráfico.

É de salientar que todos os ensaios de eixo único com diferentes percentagens e intervalos de tempo foram realizados de acordo com a norma ASTM D: 2166-10 e o dispositivo foi calibrado antes da realização do ensaio.

4-2-1 Solo sem contaminação

Ensaio monoaxial em solo sem contaminação imediatamente após a recolha da amostra da região de acordo com a percentagem de concentração ambiental no laboratório após a realização da amostra, cujo gráfico de deformação está de acordo com a Fig. 4-1.

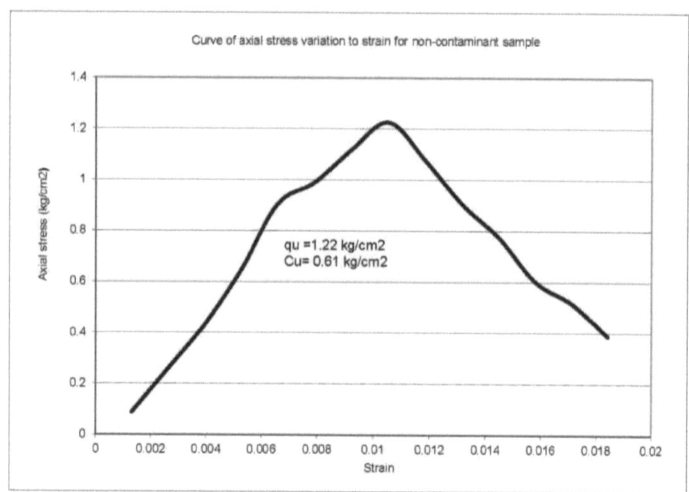

Figura (1.4) Curva tensão-deformação para a amostra não contaminante

Como mostra o diagrama, a aderência máxima do solo neste caso é igual a 0,61 kg/cm^2 .

4-2-2 Contaminação de 2, 4 e 6 por cento do solo após dez dias

Tal como referido no capítulo anterior, as amostras são retiradas do nylon após o período de tempo mencionado, sendo depois misturadas e, em seguida, de acordo com o estado anterior, são densificadas e amostradas. As curvas tensão-deformação associadas a este período são apresentadas nas centenas de contaminações referidas na Fig. 2-4, o que é bem visível.

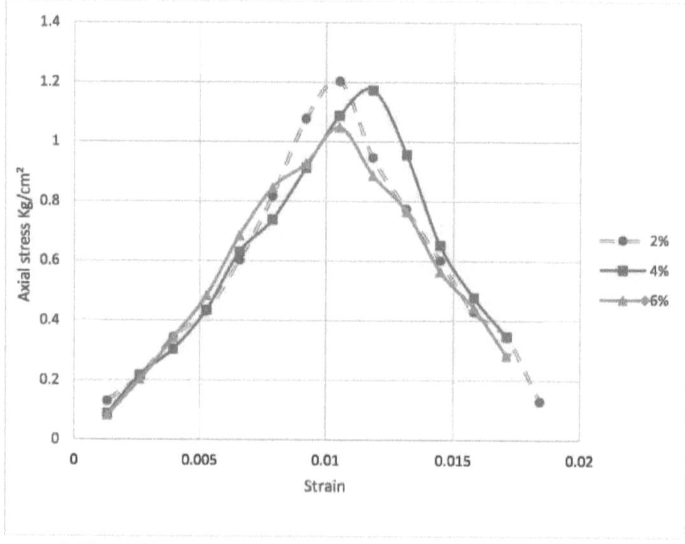

A Figura 4.2 mostra a curva tensão-deformação do período de dez dias

Como se pode ver nos diagramas e no valor máximo da tensão-deformação, a quantidade de aderência sem drenagem diminuiu dois por cento após 10 dias, de 1,22 kg/cm2 para 1,2, e também com um aumento da percentagem de contaminação de 4 e 6% no mesmo período, a aderência foi de 1,17 e 1,488, respetivamente, o que pode ser atribuído à redução da aderência.

4-2-2 Contaminação 2, 4, 6% do solo após 20 dias

De acordo com a secção anterior, as amostras foram retiradas do nylon após 20 dias e foi retirada uma amostra com a respectiva curva tensão-deformação apresentada na Fig. 3-4.

Como se pode ver nos diagramas tensão-deformação, com o aumento do intervalo de tempo de rutura do óleo com o solo nos 20 dias, a relação de aderência diminuiu, de modo que na percentagem de contaminação 2, 4 e 6%, os valores de aderência foram 0,775, 0,78 e 0,64, o que representa uma diminuição neste período de tempo e na percentagem de contaminação.

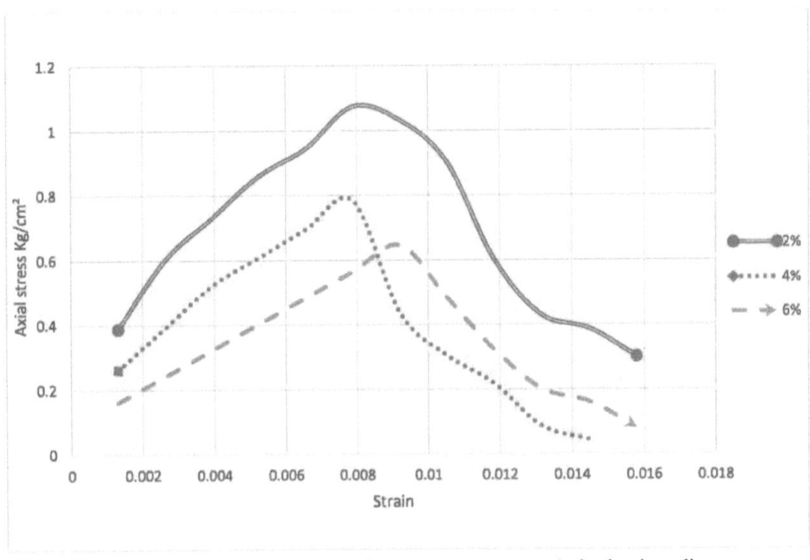

Figura (4-3) Curva tensão-deformação para um período de vinte dias

4-2-4 Contaminação de 2, 4 e 6% do solo após 30 dias

De acordo com o estado anterior, o solo foi extraído do nylon após 30 dias e as amostras foram recolhidas. Em seguida, foi obtido um ensaio de curva tensão-deformação de eixo único, como se segue.

Como se pode ver nos diagramas, a quantidade de aderência diminuiu com o aumento do tempo e da contaminação, de modo que na percentagem de contaminação de 2, 4 e 6%, a aderência do solo sem carga foi de 0,64, 0,47 e 0,4.

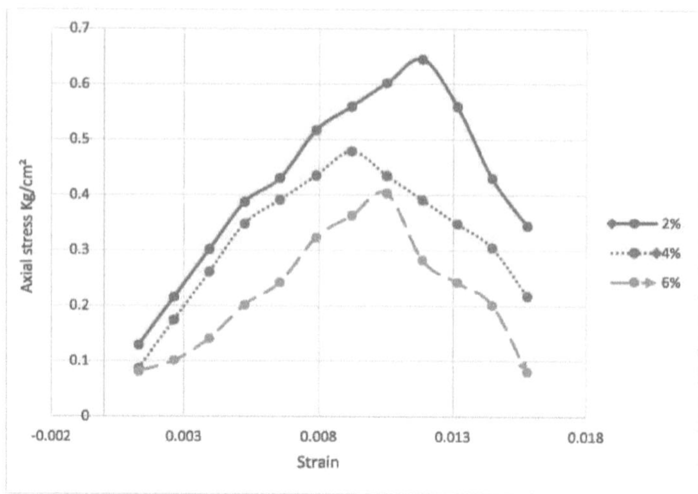

A Figura 4-4 mostra a curva de tensão de deformação do período de trinta dias

4-2-5 A análise dos resultados dos ensaios unidireccionais não está incluída

Como os gráficos tensão-deformação e o seu valor máximo são conhecidos, o aumento da percentagem e do intervalo de tempo do efeito da contaminação na textura do solo diminui a tensão de compressão e, consequentemente, a tensão de cisalhamento (adesão). A causa da redução da tensão de cisalhamento é a combinação de dois efeitos físicos e químicos do petróleo bruto. Do ponto de vista físico, a presença de petróleo bruto facilita o deslizamento dos grãos de solo uns sobre os outros durante a pressão, o que reduz a tensão de cisalhamento do solo. Do ponto de vista químico, os solos argilosos são normalmente mais absorvidos pela água do que pela absorção de petróleo, o que se deve ao facto de a argila ser amiga da água. Para uma amostra de argila, a quantidade de variação entre camadas para diferentes soluções varia, indicando uma diferença no interesse destes solos em absorver diferentes composições. A maior variação de volume é para a argila comum, devido às propriedades fluidas da argila. Enquanto os resultados para amostras de hidrocarbonetos mostram frequentemente hidrólise e adsorção de compostos orgânicos. Esta diminuição da insuflação proporciona, de facto, espaço para um movimento mais fácil do solo. De seguida, apresenta-se no Quadro (4.1) um resumo dos resultados do ensaio univariado, que se refere aos valores de aderência do solo sem carga para um período de dez, vinte e trinta dias.

Tabela (1.4) Valores de aderência do solo sem carga durante dez, vinte e trinta dias

Time period Percentage of contamination	10 Days	20 Days	30 Days
2 %	1/22	1/075	0/64
4 %	1/17	0/78	0/47
6 %	1/048	0/64	0/4

4-3 Efeito da contaminação por óleo na resistência ao cisalhamento do solo sob ensaio de cisalhamento direto

Num ensaio de cisalhamento direto, a resistência ao cisalhamento de uma amostra de solo é determinada num plano de fratura marcado.

Tipicamente, neste caso, para determinar o efeito da tensão vertical na placa de rutura sobre a resistência do solo e a determinação da falha de rutura num caso particular, a determinação dos parâmetros do casco de Mohr-Coulomb (três provetes) é testada em diferentes pressões verticais. Neste ensaio, o provete é colocado dentro da caixa de corte e a tensão vertical aplicada ao provete é aplicada.

A caixa de corte é constituída por dois moldes de forma quadrada ou dois anéis metálicos que se encontram encostados um ao outro. Após o final da fixação do ensaio, devido à tensão vertical aplicada, os dois moldes da caixa de corte são deslocados um em relação ao outro com uma taxa de deslocamento fixa e, durante o movimento, é medida a força necessária para aplicar esse deslocamento.

Neste estudo, após experiências de irrigação por imersão única em solo contaminado com óleo, foram realizadas experiências de corte direto para investigar melhor e comparar os resultados obtidos com o teste de conduta única. A Figura 4-5 mostra uma amostra feita num cubo com dimensões de 60x60 e 20 mm de altura.

Figura (4-5) Caixa de corte

Para todas as amostras, o teor de humidade do solo foi de 20% e o peso seco máximo foi de 74,1. Neste ensaio, foram aplicadas tensões normais de 17,5, 37,5 e 57,5 KPa. O objetivo desta experiência é obter um diagrama de tensões de cisalhamento para tensões verticais, que permita determinar o ângulo de atrito do solo, bem como a aderência do solo nos poluentes 2, 4 e 6, e intervalos de tempo de 10, 20 e 30 dias. Nesta experiência, foram ensaiadas três amostras para cada nível de poluição em cada intervalo de tempo e o ensaio foi repetido três vezes para garantir a precisão do ensaio, tendo sido utilizada a média dos resultados.

De seguida, as curvas são apresentadas em função da percentagem de contaminação e do intervalo de tempo. Finalmente, a análise dos resultados obtidos nesta experiência é discutida na interpretação. É de salientar que este ensaio foi efectuado de acordo com a norma ASTM D: 3080-10 e que o aparelho foi calibrado antes da realização dos ensaios.

31

3-4-1 Avaliação dos parâmetros de cisalhamento do solo sem contaminação

O solo foi colhido a uma profundidade de um metro acima do solo e imediatamente colocado num dispositivo de compactação para obter o espécime, em seguida, no que diz respeito à densidade do solo no ambiente, as amostras foram retiradas e, em seguida, a amostragem foi realizada para evitar a humidade do solo após a obtenção O solo foi realizado.

Depois de fazer a amostra numa máquina de corte direto, colocada sob carga de 1, 3 e 5 kg, foram registadas a deformação e a força de corte aplicada e, em seguida, calculados os parâmetros de resistência do solo, incluindo o coeficiente de aderência e o ângulo de atrito no interior do solo. A curva de tensão de corte da tensão vertical é apresentada na Fig. 4-6.

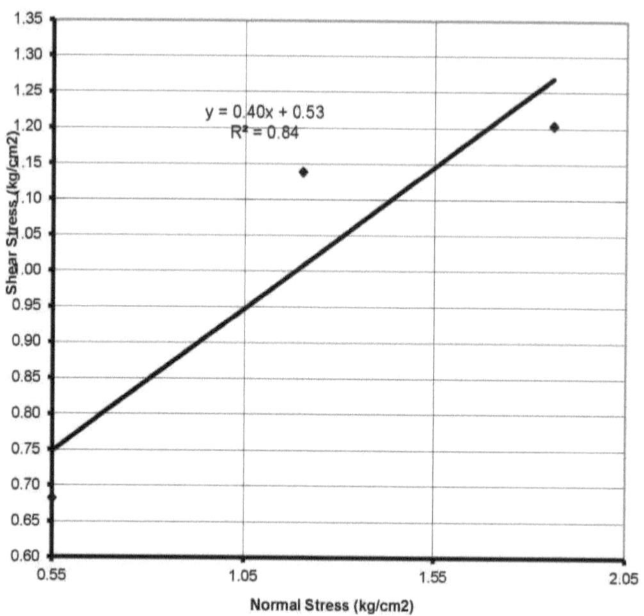

Figura 4-6. Curva tensão de cisalhamento-tensão normal no estado puro do solo

Como mostra o diagrama, o valor do ângulo de atrito interno do solo é igual a 21,67 e a aderência do solo do nível de não contaminação é de 0,75. Além disso, os valores destes parâmetros são investigados para as percentagens de contaminação e os intervalos de tempo mencionados.

4-2-3 10 dias de contaminação ao abrigo das percentagens 2, 4 e 6

O solo foi embalado em duas camadas de nylons e, em seguida, foi adicionado óleo nas proporções mencionadas. Durante dez dias, foi efectuado um corte direto e foram determinadas as curvas de tensão de corte para determinar os parâmetros de resistência. As curvas seguintes representam as percentagens indicadas.

4-2-3-1 Contaminação de 2 por cento

Como se pode ver na Fig. 4-7, o ângulo de atrito interno do solo é de 23,52 e a aderência é de 0,55, o que indica um aumento do ângulo de atrito interno e uma diminuição da aderência.

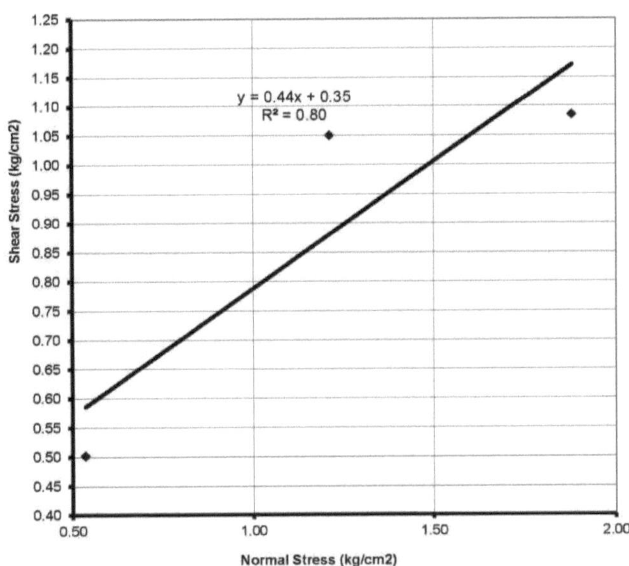

Figura (4-7) Curva tensão de cisalhamento-tensão normal com dois por cento de contaminação durante 10 dias

4-3-2-2 Contaminação de 4 por cento

Como mostra a Fig. 4-8, o ângulo de atrito interno é de 21,58 e a aderência é de 0,55, indicando uma diminuição em comparação com o anterior. A aderência também apresenta uma tendência crescente.

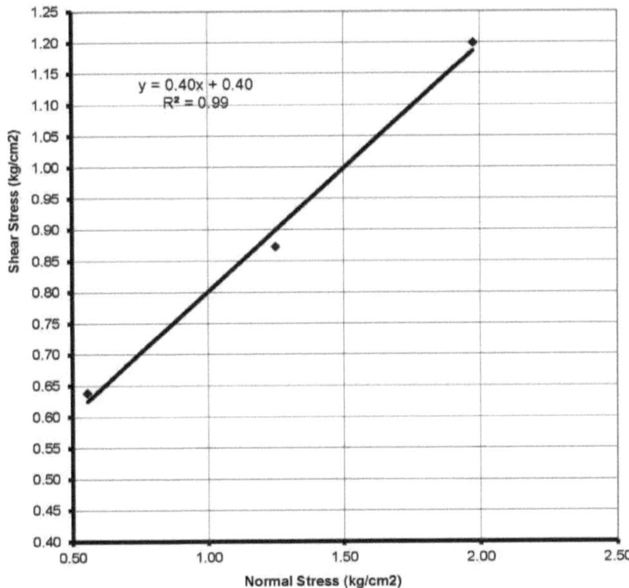

Figura (4-8) Curva tensão de cisalhamento-tensão normal com quatro por cento de contaminação durante 10 dias

33

4-3-2-3 Contaminação de 6 por cento

Como mostra a Fig. 4-9, o ângulo de atrito interno do solo é de 17,51 e a aderência é igual a 0,7, indicando uma diminuição do ângulo de atrito interno e um aumento da aderência sob a influência da contaminação de 6%.

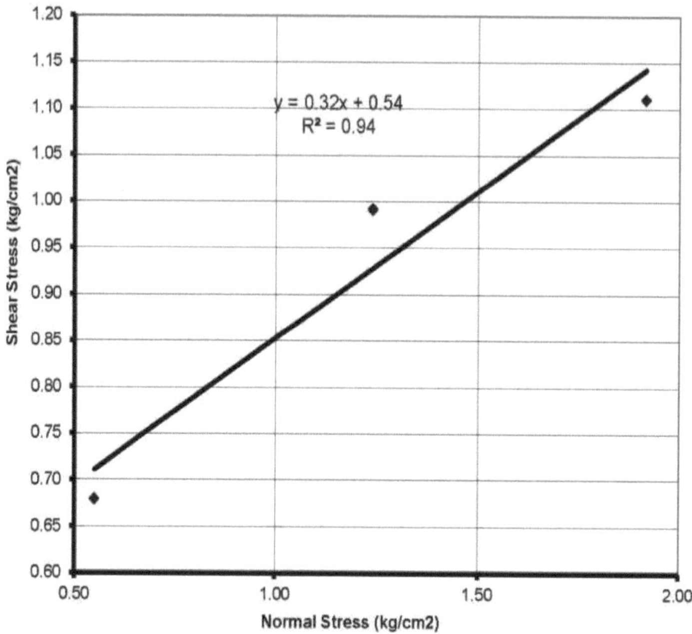

Figura (4-9) Curva tensão de cisalhamento-tensão normal com seis por cento de contaminação durante 10 dias

4-3-3 20 dias de contaminação ao abrigo das percentagens 2, 4 e 6

O solo foi recolhido do ambiente em duas camadas de nylons e depois adicionado às proporções acima mencionadas e depois cortado durante o tempo mencionado e as curvas de tensão de corte da tração vertical foram determinadas para determinar os parâmetros de resistência. As curvas seguintes representam as percentagens indicadas.

3-4-3-1 Contaminação de 2 por cento.

Como mostra a Fig. 4-10, o ângulo de atrito interno do solo é de 26,78 e a adesão é de 0,55. Em comparação com o estado de 10 dias, na mesma contaminação, o aumento do ângulo de atrito é observado para a mudança na adesão Não ocorre e é semelhante à mesma percentagem de infecções no período de dez dias, o que indica que não há mudança na adesão ao longo do tempo.

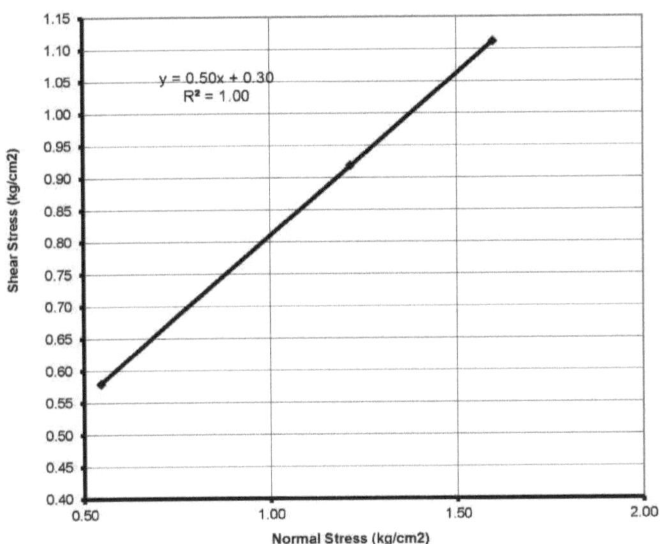

Figura (4-10) Curva tensão de cisalhamento-tensão normal com dois por cento de contaminação durante 20 dias

4-3-3-2 Contaminação de 4 por cento.

Como mostra a Fig. 4-11, o ângulo de atrito interno do solo é de 23,39 e a aderência do solo nesta contaminação é de 0,6, o que reduz o ângulo de atrito em comparação com o anterior, em comparação com a percentagem de contaminação. De igual modo, durante o período de dez dias, a aderência aumentou e a mesma percentagem de contaminação não se alterou significativamente durante o período de dez dias.

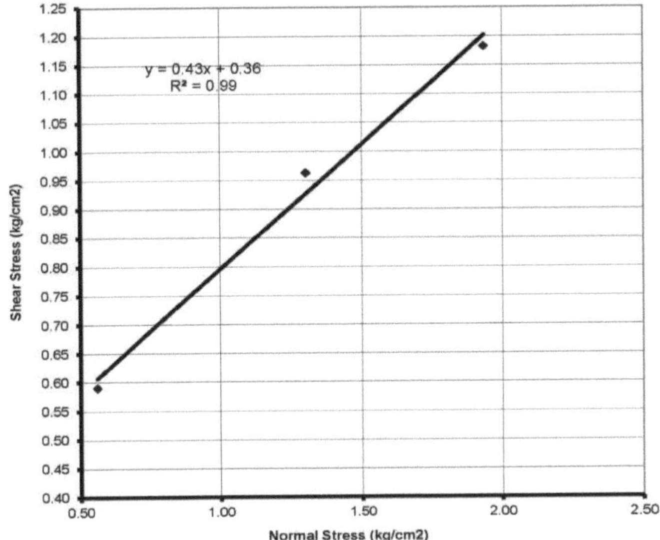

Figura (4-11) Curva tensão de cisalhamento-tensão normal com quatro por cento de contaminação durante 20 dias

3-4-3-3 Contaminação de 6 por cento

Como se pode ver no diagrama, o ângulo de atrito interno do solo é de 22,22 e a aderência é de 0,65, o que foi aumentado através da diminuição do ângulo de atrito interno com uma poluição semelhante no intervalo de dez dias.

Foi registado um aumento da adesão relativamente a uma contaminação de 4% e nenhuma alteração significativa na mesma contaminação durante o período de 10 dias.

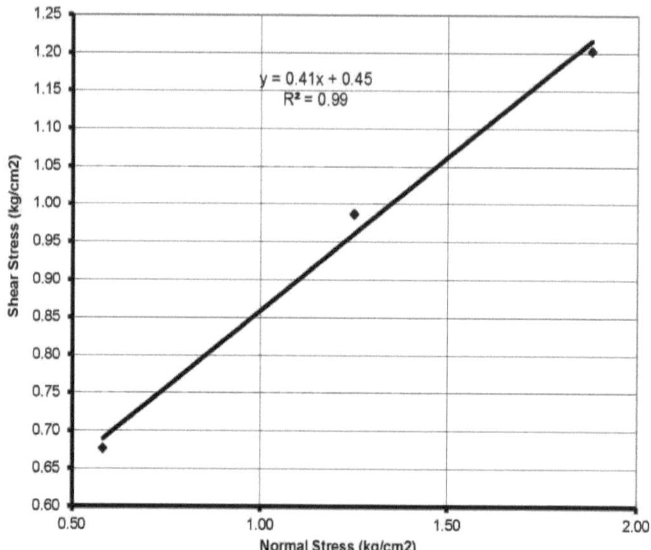

Figura (4-12) Curva tensão de cisalhamento-tensão normal com seis por cento de contaminação durante 20 dias

4-3-4 20 dias de contaminação ao abrigo das percentagens 2, 4 e 6

O solo foi acondicionado em duas camadas de nylon e, em seguida, adicionado às proporções acima mencionadas e, após trinta dias, retirado do nylon, sendo em seguida misturado e, após a confeção da amostra, foi submetido ao corte, sendo determinadas as curvas Tensão de cisalhamento - Resistência à tração vertical. As curvas seguintes representam as percentagens indicadas.

4-3-4-1 Contaminação de 2 por cento

Como mostra a Fig. 4-13, o ângulo de atrito interno do solo é de 21,69 e a aderência do solo é de 0,7, o que é inferior ao estado anterior e é inferior a vinte e dez dias na mesma percentagem de poluição Estamos perante uma redução da aderência, sem alterações significativas na mesma contaminação no período de dez e vinte dias.

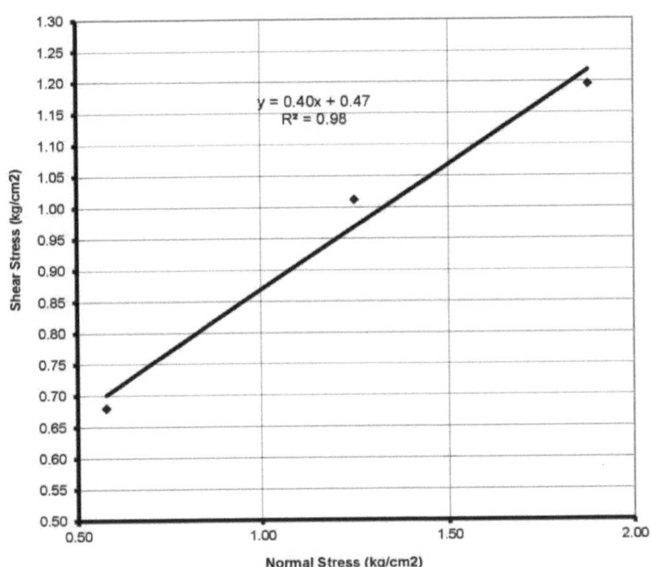

Figura (4-13) Curva tensão de cisalhamento-tensão normal com dois por cento de contaminação durante 30 dias

4-3-4-2 Contaminação de 4 por cento

Como se pode observar na Fig. 4-14, o ângulo de atrito interno do solo é de 21,51 e a aderência do solo é de 0,6, o que é igual ao anterior, assim como no intervalo de vinte e dez dias a percentagem de contaminação é semelhante a Estamos perante uma redução da aderência, sem alterações assinaláveis na mesma contaminação no período de dez e vinte dias.

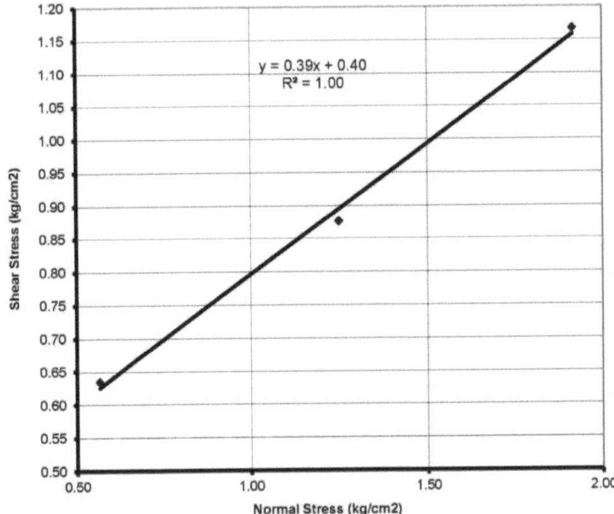

Figura (4-14) Curva tensão de cisalhamento-tensão normal com quatro por cento de contaminação durante

37

4-3-4-3 Contaminação de 6 por cento

Como se pode ver na Fig. 4-15, o ângulo de atrito interno do solo é de 9,29 e a aderência do solo é de 0,75, o que é semelhante ao anterior e também ao intervalo de vinte e dez dias na percentagem de contaminação semelhante ao Temos uma diminuição, para a aderência, sem alterar a alteração percetível na percentagem de contaminação do mesmo estado de dez e vinte dias.

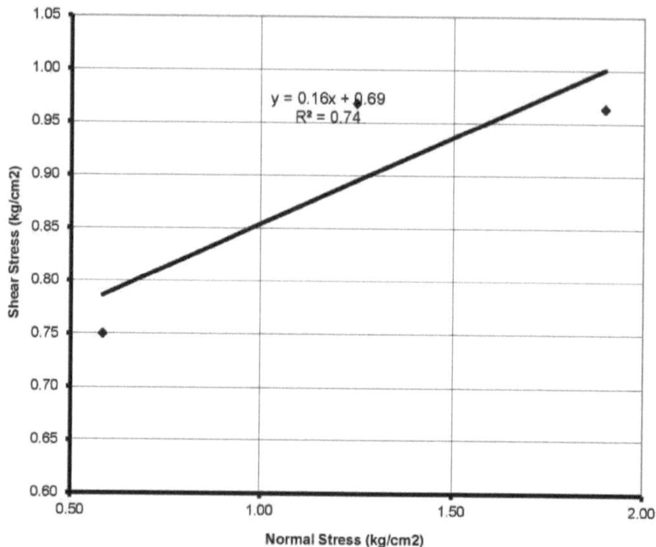

Figura (4-15) Curva tensão de cisalhamento-tensão normal com seis por cento de contaminação durante 30 dias

5-3-3 Análise dos resultados do ensaio de cisalhamento direto

Como mostram os diagramas e os números indicados nas secções anteriores, o ângulo de atrito interno do solo com um aumento significativo da percentagem de contaminação não é significativo para 2%, mas nos quatro ou seis por cento, vemos uma redução numérica do ângulo de atrito, o que diminui a resistência ao cisalhamento do solo Também, de acordo com os números obtidos, o intervalo de tempo do impacto da poluição no solo não é significativo e as mudanças no ângulo de atrito dependem da quantidade de poluição que causa o enfraquecimento do solo. No que diz respeito à aderência, como mostram os gráficos e os números da secção anterior, com o aumento da infestação do solo, a aderência do solo é inicialmente reduzida e, depois, com o número de poluições, aumenta 4 e 6 por cento. Os outros resultados desta experiência não são afectados pelo intervalo de tempo.

A razão para a diminuição da tensão de cisalhamento é a combinação de dois efeitos físicos e químicos do petróleo bruto. Do ponto de vista físico, a presença de petróleo bruto facilita o deslizamento dos grãos de solo uns sobre os outros durante o corte, o que reduz a tensão de cisalhamento do solo. Do ponto de vista químico, o inchaço dos solos argilosos normais com absorção de água é maior do que a absorção de petróleo, o que se deve ao facto de a argila ser aquosa. Para uma amostra de argila, a diferença no espaçamento entre camadas para diferentes soluções varia, o que indica a diferença no interesse destes solos em absorver diferentes composições. A maior variação de volume é para a argila comum, devido às propriedades hidrofílicas da argila. Enquanto os resultados para os espécimes de hidrocarbonetos mostram a predominância da hidrólise e da adsorção de compostos orgânicos. Esta diminuição da insuflação permite, de facto, uma maior facilidade de movimentação do solo.

Da mesma forma, o impacto da poluição na resistência do solo pode ser resumido da seguinte forma: as amostras, devido à contaminação com o gasóleo, perdem a sua ductilidade, ou seja, os nanoplásticos. Como as partículas carregadas do solo estão rodeadas de óleo, o óleo impede o efeito da água sobre as partículas de argila, o que tende a alterar o comportamento da argila para areia. Com as mudanças na percentagem de contaminação, as mudanças na adesão e no ângulo de atrito interno mostram um comportamento não uniforme. Isto significa que em 15% do ângulo de atrito interno, a dimensão do atrito interno aumenta subitamente e a aderência é reduzida de uma só vez, parecendo que as alterações destes parâmetros em condições de contaminação não devem simplesmente ter em conta a tendência ascendente ou descendente e mesmo a partir de um ponto ótimo nas características do solo contaminado, o que, naturalmente, requer mais ensaios. Embora as alterações não sejam uniformes, mas no geral, comparando 4 e 6 por cento de poluição por óleo, pode dizer-se que o aumento da percentagem de contaminação por óleo diminui a quantidade de ângulo de atrito interno e aumenta a aderência. A tensão de cisalhamento máxima diminui com o aumento da contaminação por óleo. Com o aumento da tensão normal nas amostras contaminadas com óleo, a diminuição da tensão de corte também aumenta. Nas tabelas seguintes (2-4) a (4-4), são apresentados os números obtidos nas experiências para comparar o ângulo de atrito e a aderência em percentagens de contaminação e intervalos de tempo.

O quadro (2-4) contém valores numéricos para a contaminação de 10 dias

20-day contamination	2 %	4 %	6 %
Internal friction angle (°)	23/53	21/58	17/51
Adhesion (kg/cm2)	0/55	0/6	0/7

O quadro (3-4) contém valores numéricos para a contaminação de 20 dias

20-day contamination	2 %	4 %	6 %
Internal friction angle (°)	26/78	23/39	22/12
Adhesion (kg/cm2)	0/55	0/6	0/65

O quadro (4-4) contém valores numéricos para a contaminação de 30 dias

30-day contamination	2 %	4 %	6 %
Internal friction angle (°)	21/69	21/51	9/28
Adhesion (kg/cm2)	0/7	0/72	0/75

4-4 Investigação do efeito da poluição por petróleo na convergência do solo sob consolidação

Ensaio Este ensaio é um método adequado para calcular a quantidade e a velocidade de consolidação do solo em condições unidimensionais sob carga de tensão. Neste ensaio, um corpo de prova é colocado sob carga axial em condições limite. A carga é aplicada gradualmente ao provete. Em cada fase do carregamento, enquanto se medem as alterações de altura, o provete pode ser consolidado (a água de cavitação é removida). Os valores medidos são utilizados para calcular a relação efectiva entre porosidade e tensão, bem como a velocidade de consolidação.

Além disso, no teste, cargas de 0,5, 1, 2, 4, 8 e 16 kg foram carregadas e revertidas para o carregamento, que foi aplicado à amostra de pressão por 24 horas e em intervalos de acordo com a norma ASTM D: 243510 As leituras são lidas. O solo retirado do ambiente foi colocado em duas camadas de nylons para evitar a perda de humidade e adicionado à quantidade de 2, 4 e 6% de óleo em proporção ao peso, e consolidado nos intervalos de 10, 20 e 30 **dias** testados. É de notar que o mesmo protótipo foi feito com amostras uniaxiais e corte direto, o que não é mencionado novamente. Além disso, após o ensaio, a consolidação da amostra na casa quente foi seca durante 24 horas e depois pesada para determinar a gravidade específica. O objetivo desta experiência é obter parâmetros de consolidação para estimar o impacto da poluição e dos intervalos de tempo na concentração do solo. Os parâmetros estudados nesta secção são o índice de compactação (Cc), o índice de inflação (Cs), o teor de humidade (w%), **a gravidade específica (γ) e a porosidade (e), que são descritos a seguir.**

4-4-1 Solo sem contaminação

Para obter os parâmetros de sementeira do solo num solo não contaminado, o solo é recolhido de forma compacta, de acordo com a densidade do solo, e a amostra é retirada da amostra, depois foi realizado o ensaio de consolidação e, tal como descrito na secção anterior Durante o carregamento e a carga, foram feitas as leituras e a curva porosidade-logarítmica de pressão foi traçada para o solo pretendido e foram obtidos os parâmetros necessários. Os resultados são apresentados na Fig. 4-16 e na Tabela 4-5.

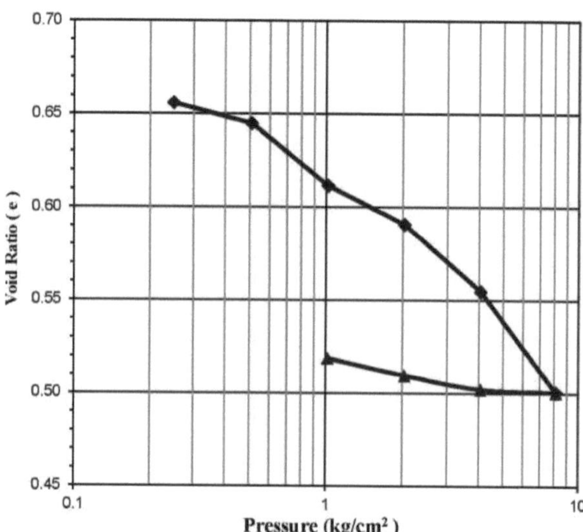

Fig. 4-16 Curva logarítmica porosidade-pressão para solo puro

Tabela (4-5) Valores numéricos dos parâmetros de assentamento para solo puro

Moisture percent	Porosity	Special Weight	Compression Index	Inflation index
20	0/66	1/61	0/15	0/025

4-4-2 Contaminação de 10 dias no âmbito das percentagens 2, 4 e 6

O solo foi embalado em duas camadas de nylon e, em seguida, o óleo foi adicionado às proporções e, após 10 dias, o ensaio foi consolidado e as curvas de porosidade - logaritmo da pressão foram traçadas para determinar os parâmetros do solo. Nas secções seguintes, as curvas são apresentadas nas seguintes sequências.

4-4-2-1 Contaminação de 2 por cento

Como se pode ver na Fig. 4-17 (diagrama de gradiente), o índice de compressão neste caso é igual a 0,16 e o índice de inflação é 0,122, o que aumenta em comparação com o estado de não contaminação, o que indica um aumento da sismicidade.

A tolerância do solo é de 0,46 neste caso. A redução da porosidade é outro resultado desta experiência.

A gravidade específica é igual a 1,84, o que indica um aumento.

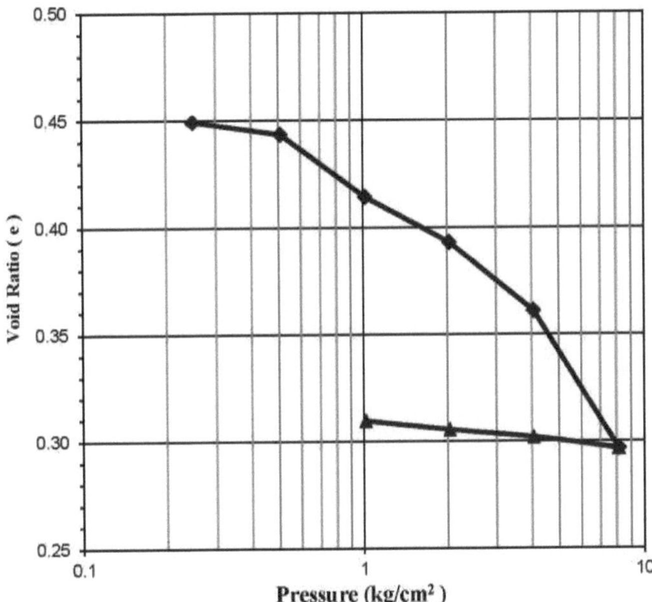

Figura 4-17 Curva logarítmica porosidade-pressão para contaminação de dois por cento, dez dias

Tabela (4-6) Valores numéricos dos parâmetros de assentamento para contaminação de dois por cento, dez dias

Moisture percent	Porosity	Special Weight	Compression Index	Inflation index
19/3	0/46	1/84	0/16	0/050

4-4-2-2 Contaminação de 4 por cento

Como mostra a Fig. 4-18, o gradiente do gráfico, o índice de compressão neste caso é igual a 0,167 e o índice de inflação é 0,666, que aumentou em comparação com o estado de não contaminação, o que indica um aumento do congestionamento. A irritação do solo neste caso é igual a 0,25. O aumento da porosidade é outro resultado desta experiência. A gravidade específica é também de 1,76, o que revela uma diminuição.

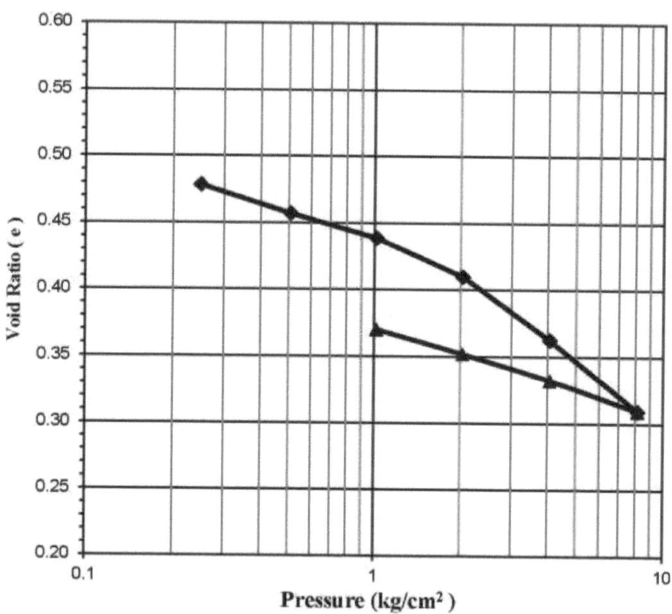

Figura 4-18 Curva logarítmica porosidade-pressão para contaminação de quatro por cento, dez dias

Tabela (4-7) Valores numéricos dos parâmetros de assentamento para contaminação de quatro por cento, dez dias

Moisture percent	Porosity	Special Weight	Compression Index	Inflation index
20	0/52	1/76	0/167	0/066

4-4-2-3 Contaminação de 6 por cento

Como se pode ver na Fig. 4-19, o gradiente do gráfico, o índice de compressão neste caso é igual a 0,180 e o índice de inflação é 0,07, o que aumenta em relação ao estado anterior, indicando um aumento do congestionamento. A irritação do solo, neste caso, é igual a 0,62. O aumento da porosidade é outro resultado desta experiência. A gravidade específica é igual a 1,65. Mostra uma diminuição.

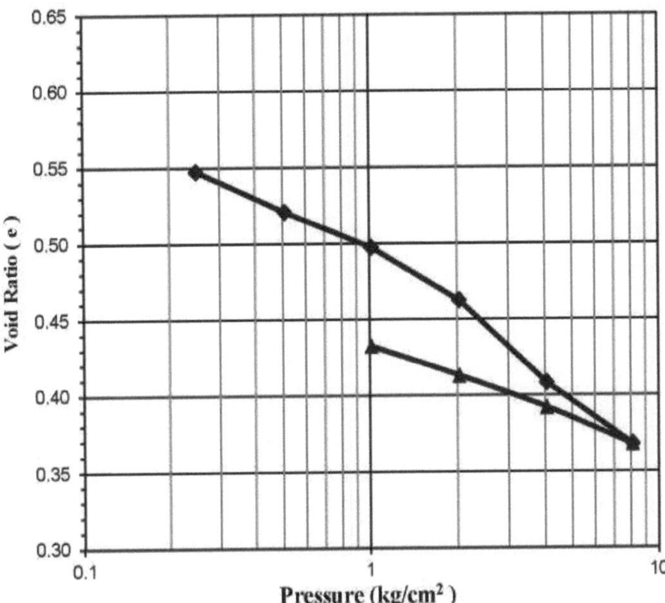

Figura 4-19 Curva logarítmica porosidade-pressão para contaminação de seis por cento, dez dias

Tabela (4-8) Valores numéricos dos parâmetros de assentamento para contaminação de quatro por cento, dez dias

Moisture percent	Porosity	Special Weight	Compression Index	Inflation index
21	0/62	1/56	0/180	0/070

4-4-3 Contaminação de 20 dias no âmbito das percentagens 2, 4 e 6

O solo foi embalado em duas camadas de nylon e, em seguida, o óleo foi adicionado às proporções e, após 20 dias, o teste foi consolidado e foram traçadas curvas de porosidade - logaritmo da pressão para determinar os parâmetros do solo. Nas secções seguintes, as curvas são apresentadas nas seguintes sequências.

4-4-3-1 Contaminação de 2 por cento

Como se pode ver na Fig. 4-20, o gradiente do gráfico, o índice de compressão neste caso é igual a

0,17 e o índice de inflação é 0,62, o que aumenta em comparação com o estado de não contaminação, o que indica um aumento da sismicidade.

A irritação do solo neste caso é igual a 0,44. A redução da porosidade é outro resultado desta experiência. A gravidade específica é igual a 1,86, o que revela um aumento.

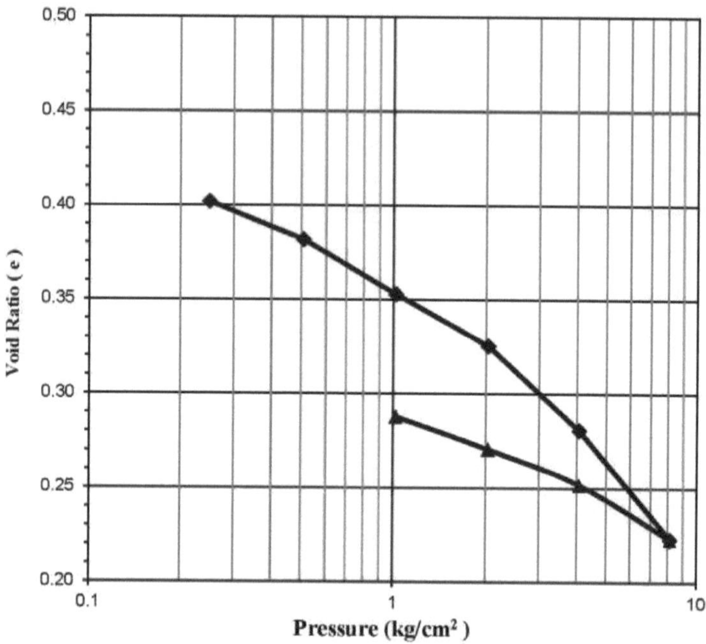

Figura 4-20 Curva logarítmica porosidade-pressão para contaminação de dois por cento, 20 dias

Tabela (4-9) Valores numéricos dos parâmetros de assentamento para contaminação de dois por cento, 20 dias

Moisture percent	Porosity	Special Weight	Compression Index	Inflation index
17/8	0/44	1/86	0/170	0/062

4-4-3-2 Contaminação de 4 por cento

Como se pode ver na Fig. 4-21 (diagrama de gradiente), o índice de compressão neste caso é igual a 177/0 e o índice de inflação é 0,062, que é maior em comparação com o estado anterior, indicando um aumento da sismicidade, bem como O teor de humidade neste caso é 18,9, que é maior do que o anterior. A porosidade do solo neste caso é de 0,5.

O aumento da porosidade é outro resultado desta experiência. A gravidade específica é também de

1,79, o que revela uma diminuição.

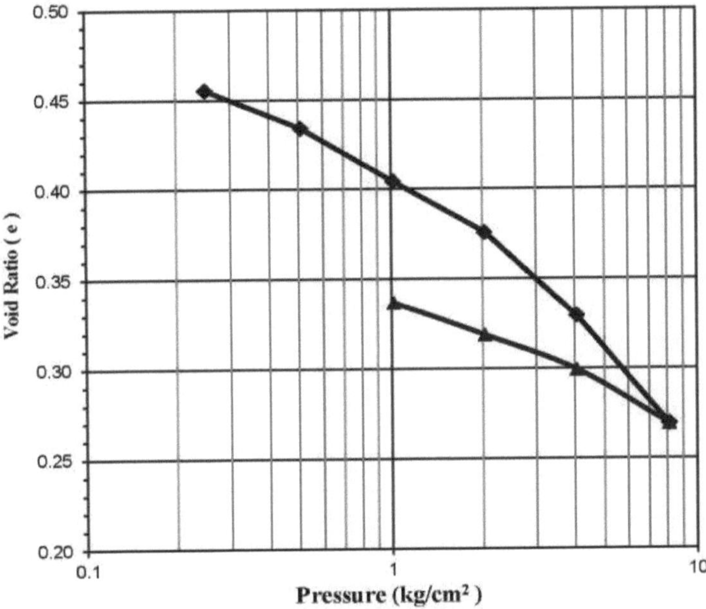

Figura 4-21 Curva logarítmica porosidade-pressão para contaminação de quatro por cento, 20 dias

Tabela (4-10) Valores numéricos dos parâmetros de assentamento para contaminação de quatro por cento, 20 dias

Moisture percent	Porosity	Special Weight	Compression Index	Inflation index
18/9	0/5	1/79	0/177	0/065

4-3-3-3 Contaminação de 6 por cento

Como se pode ver no diagrama da Fig. 4-22 (diagrama de gradiente), o índice de compressão neste caso é igual a 199,1 e o índice de inflação é 0,068, o que aumenta em comparação com o estado anterior, indicando um aumento da sismicidade, bem como O teor de humidade neste caso é 19,9, o que é superior ao anterior. A porosidade do solo neste caso é igual a 0,58.

O aumento da porosidade é outro resultado desta experiência. A gravidade específica é de 1,7, o que revela uma diminuição.

45

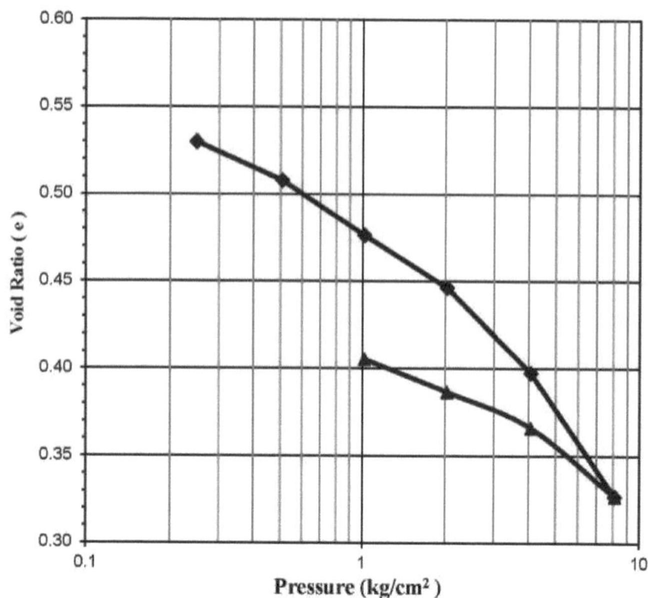

Figura 4-22 Curva logarítmica porosidade-pressão para contaminação de seis por cento, 20 dias

Tabela (4-11) Valores numéricos dos parâmetros de assentamento para contaminação de seis por cento, 20 dias

Moisture percent	Porosity	Special Weight	Compression Index	Inflation index
19/9	0/58	1/7	0/199	0/068

4-4-4 Contaminação de 30 dias no âmbito das percentagens 2, 4 e 6

O solo foi embalado em duas camadas de nylons e, em seguida, foi adicionado óleo nas proporções mencionadas.

Após 20 dias, sob teste de tensão, foram traçadas curvas logarítmicas de porosidade-pressão para determinar os parâmetros do solo. Nas secções seguintes, as curvas são apresentadas nas seguintes sequências.

4-4-4-1 Contaminação de 2 por cento

Como se pode ver na Fig. 4-23 (diagrama de gradiente), o índice de compressão neste caso é igual a 18,07 e o índice de inflação é 0,646, o que aumenta em comparação com o estado de não contaminação, o que indica um aumento da sismicidade. A porosidade do solo é de 0,48 neste caso, o que é o resultado desta experiência. A gravidade específica é também de 1,81, o que revela um aumento.

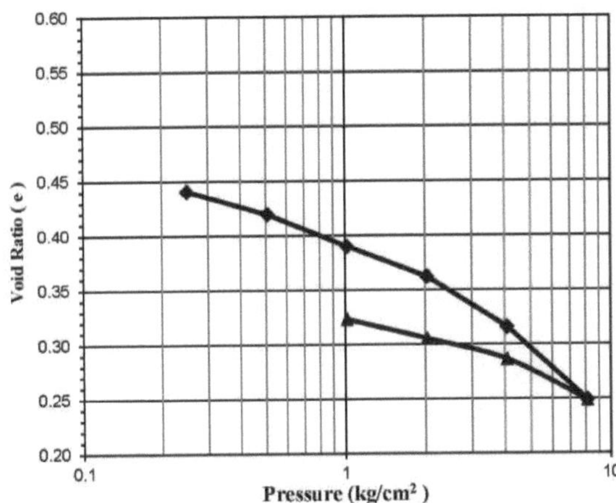

Figura 4-23 Curva logarítmica porosidade-pressão para contaminação de dois por cento, 30 dias

Tabela (4-12) Valores numéricos dos parâmetros de assentamento para contaminação de dois por cento, 30 dias

Moisture percent	Porosity	Special Weight	Compression Index	Inflation index
17/2	0/48	1/81	0/187	0/064

4-4-4-2 Contaminação de 4 por cento

Como se pode ver na Fig. 4-24, o gradiente do gráfico, o índice de compressão neste caso é igual a 219/0 e o índice de inflação é 0,646, o que aumenta em relação ao estado anterior, indicando um aumento da sismicidade, bem como O teor de humidade neste caso é 18, o que aumenta em relação ao anterior. A porosidade do solo, neste caso, é igual a 0,54. O aumento da porosidade é outro resultado desta experiência. A gravidade específica é também de 1,75, o que revela uma diminuição.

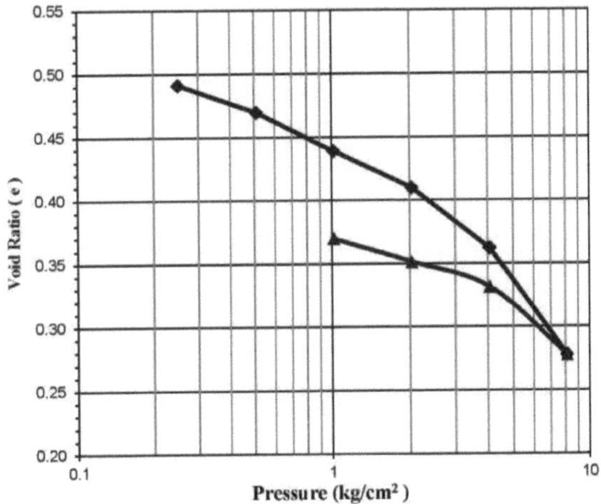

Figura 4-24 Curva logarítmica porosidade-pressão para contaminação de quatro por cento, 30 dias

Tabela (4-13) Valores numéricos dos parâmetros de assentamento para contaminação de quatro por cento, 30 dias

Moisture percent	Porosity	Special Weight	Compression Index	Inflation index
18	0/54	1/75	0/219	0/066

4-4-4-3 Contaminação de 6 por cento

Como se pode ver na Fig. 4-25, o gradiente do gráfico, o índice de compressão neste caso é igual a 0,227 e o índice de inflação é 0,077, o que aumenta em comparação com o estado anterior, indicando um aumento da concentração. Além disso, o teor de humidade neste caso é de 19,4%, o que é superior ao anterior. A porosidade do solo, neste caso, é igual a 0,63. O aumento da porosidade é outro resultado desta experiência. A gravidade específica é igual a 1,65, o que indica uma diminuição.

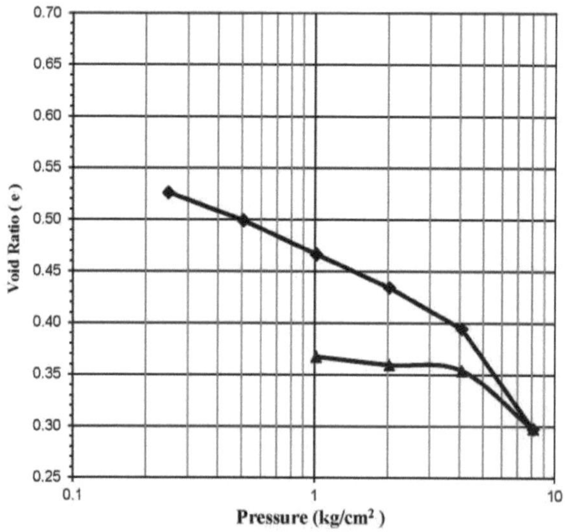

Figura 4-25 Curva logarítmica porosidade-pressão para contaminação de seis por cento, 30 dias

Tabela (4-14) Valores numéricos dos parâmetros de assentamento para contaminação de seis por cento, 30 dias

Moisture percent	Porosity	Special Weight	Compression Index	Inflation index
19/4	0/63	1/65	0/227	0/070

4-4-5 Análise dos resultados dos ensaios de consolidação

Como mostram os resultados descritos nas secções anteriores e nos diagramas, o aumento da percentagem de poluição aumenta a compressão e o índice de inflação, o que também afecta o aumento e acelera o processo de aumento da resistência do solo e O declive acentuado da curva de porosidade-pressão está a aumentar a compactação do solo.

As experiências mostram que, ao aumentar a quantidade de poluição do solo com óleo, o peso seco máximo do solo aumenta inicialmente, mas diminui com o aumento da poluição, mas o teor de humidade ótimo aumenta. A diminuição da gravidade seca deve-se ao facto de a presença de óleo no solo, devido à sua viscosidade, impedir o movimento da água entre as partículas do solo e proporcionar menos superfícies de deslizamento para o movimento, não permitindo, por conseguinte, que o solo se acumule. A redução do peso unitário do volume de matéria seca leva a uma diminuição da quantidade de contaminação do solo ao longo do tempo e o solo perde a sua densidade inicial, tornando-o mais compacto. Assim será. Por outro lado, o aumento da quantidade de contaminação aumenta as limitações psicológicas do solo. Isto pode ser indicativo do efeito pegajoso da presença de óleo no solo de grão fino. Além disso, a porosidade diminui inicialmente, mas aumenta com a contaminação e não tem efeito sobre ela devido à colocação de moléculas de óleo no espaço livre das partículas do solo sob a influência da pressão.

CAPÍTULO 5

Conclusão

5-1 Introdução

Nesta tese, foi investigado o efeito da poluição por petróleo na resiliência e na colmatação da argila na área de Babol. O óleo utilizado é a especificação indicada no segundo capítulo e o solo foi retirado da zona da Babilónia a uma profundidade de um metro e levado para o local do laboratório. O solo foi classificado numa argila com baixa plasticidade.

Para estudar o efeito e a taxa de redução e de acoplamento neste solo, foram realizados ensaios de resistência à compressão monoaxial, de corte direto e de consolidação em diferentes intervalos de tempo. No ano passado, foram apresentados os resultados destas experiências e a sua análise sob a forma de quadros e diagramas. Neste capítulo, serão discutidos os resultados globais destas experiências e, finalmente, serão apresentadas sugestões para investigação futura.

5-2 Conclusões gerais

5-2-1 Perfil primário do solo

- **O solo** utilizado neste estudo tem 29% de grãos grossos e 71% de grãos finos, que são classificados de acordo com a classificação de argila baixa não afiliada.
- **O teor de humidade do solo investigado é de 20 e a sua densidade específica é de 2,71.**
- **O solo de investigação tem um** limite psicológico de 25 e um limite plástico de 15, com um índice de plásticos de 9.
- **O solo desejado tem uma densidade de 53,07 e uma gravidade seca de 2,2.**

5-2-2 Ensaio de resistência à compressão sem restrições (axial simples)

Neste estudo, com adição de 2, 4 e 6% em peso de óleo ao solo em intervalos de 10, 20 e 30 dias, com teor de umidade do solo do ambiente de ensaio uniaxial, de cada estado, no total foram realizados 10 ensaios.

Ao aumentar a percentagem e o intervalo de tempo do efeito da contaminação na textura do solo, a tensão de compressão e, consequentemente, a resistência à compressão sem pressão (adesão) são reduzidas. No caso de não contaminação, o valor numérico da resistência à compressão não pressurizada é igual a 1,22 e no caso de seis por cento de contaminação no intervalo de 30 dias, este valor é de 0,4, o que representa uma redução de cerca de 33%.

A causa da diminuição da tensão de cisalhamento é a combinação de dois efeitos físicos e químicos do petróleo bruto. Do ponto de vista físico, a presença de petróleo bruto facilita o deslizamento dos grãos de solo uns sobre os outros durante a pressão, o que reduz a tensão de cisalhamento do solo. Do ponto de vista químico, os solos argilosos são normalmente mais absorvidos pela água do que pela absorção de petróleo, o que se deve ao facto de a argila ser mais favorável à água. Para uma amostra de solo, a diferença no espaçamento entre camadas para diferentes soluções varia, o que indica a diferença no interesse destes solos em absorver diferentes composições. A maior variação de volume para a argila comum deve-se às propriedades do fluido da argila. Enquanto os resultados para os espécimes de hidrocarbonetos mostram predominantemente a absorção de água e a absorção de compostos orgânicos. Esta redução da insuflação permite, de facto, um espaço para facilitar a movimentação do solo.

5-3-2 Ensaio de cisalhamento direto

As amostras obtidas foram misturadas com óleo de acordo com as secções anteriores em termos de pesos de 2, 4 e 6%, e foram testadas durante 10, 20 e 30 dias para determinar os parâmetros de resistência do solo.

O ângulo de atrito interno do solo com um aumento na percentagem de contaminação não mudou significativamente para 2% em relação ao estado não poluente, mas nos quatro ou sextos do ano, vemos uma redução numérica do ângulo de atrito, que diminui a resistência ao cisalhamento do solo, também devido aos números A caligrafia indica que o efeito do intervalo de tempo do impacto da poluição do solo no ângulo de atrito não é significativo e as mudanças no ângulo de atrito dependem da quantidade de contaminação que enfraquece a resistência ao cisalhamento do solo. - **À medida que a percentagem de poluição aumenta, a aderência do solo é inicialmente reduzida, registando-se depois quatro** e seis tendências ascendentes no número de poluição. Outros resultados desta experiência podem ser mencionados como não tendo efeito sobre a quantidade de aderência.

5-2-4 Teste de consolidação

As amostras obtidas foram misturadas com óleo de acordo com as secções anteriores em termos de pesos de 2, 4 e 6% e foram testadas durante 10, 20 e 30 dias para determinação dos parâmetros de suscetibilidade do solo.

• **O índice de compactação do solo aumenta com o aumento do nível de contaminação. No** modo **de não contaminação**, este valor é igual a 0,15 e no caso de 2 por cento de poluição, após 10 dias, atinge 16. Além disso, o intervalo de tempo não tem efeito significativo sobre este índice, mas ao longo do tempo, este índice aumenta com o aumento da contaminação.

• **O índice de inflamação do solo aumenta com o aumento do nível de contaminação. Em** caso de **não contaminação,** este valor é igual a 025 e, em caso de poluição, 2% após 10 dias para atingir 050. Além disso, o intervalo não tem um impacto significativo neste índice, mas com o passar do tempo, à medida que a percentagem de poluição aumenta, este índice aumenta e, consequentemente, a convergência aumenta.

• **O teor de humidade do solo diminui com um aumento de 2% após** 10 dias, aumentando depois em quatro e seis por cento. Além disso, durante os vinte e trinta dias, o teor de humidade da amostra aumenta.

• **A porosidade** da **amostra num** período de contaminação de dois por cento no período de 10 dias diminui inicialmente e depois aumenta com o aumento da contaminação. O tempo não tem muito efeito na porosidade, mas geralmente aumenta a porosidade.

n **O peso seco do solo é inicialmente aumentado pela adição de dois por cento da infeção** após dez dias e diminui em percentagens de quatro a seis por cento, o que corresponde a períodos de vinte e trinta dias, que, em geral, são independentes da gama Tempo diminui.

Referências

1. Hafshejani, A. S., Hajiannia, A., Pousti, S., & Noroozi, A. G. (2016). Efeito da relação

comprimento/diâmetro (L/D) da estaca na capacidade de suporte de estacas enterradas na areia siltosa em condições de contaminação homogénea por hidrocarbonetos. Revista Internacional de Investigação Científica e de Engenharia, 7(1).

2. M. Kermani, T. Ebadi, (2012), "The Effect of Oil Contamination on the Geotechnical Properties of Fine-Grained Soils" Soil and Sediment Contamination: Um Jornal Internacional, Volume 21, Edição 5.

3. Khamechian, M., Charkhabi, A. H., & Tajik, M. (2006). Os efeitos da contaminação por petróleo bruto nas propriedades geotécnicas dos solos costeiros de Bushehr no Irão. IAEG, 214-220.

4. Rajabi, H., & Sharifipour, M. (2017). Efeitos da contaminação por petróleo bruto leve no módulo de cisalhamento de pequena deformação da areia Firoozkooh. Jornal Europeu de Engenharia Civil e Ambiental, 1-17.

5. OLUREMI, J., Yohanna, P., & AKINOLA, S. (2017). EFEITOS DOS ESFORÇOS DE COMPACTAÇÃO NAS PROPRIEDADES GEOTÉCNICAS DO SOLO LATERÍTICO CONTAMINADO COM ÓLEO DE MOTOR USADO. Journal of Engineering Science and Technology, 12(3), 596-607.

6. Nasehi, S. A., Uromeihy, A., Nikudel, M. R., & Morsali, A. (2016). Influência da contaminação por gasóleo nas propriedades geotécnicas de solos de grão fino e grosso. Engenharia Geotécnica e Geológica, 34(1), 333-345.

7. Abousnina, R. M., Manalo, A., Shiau, J., & Lokuge, W. (2015). Efeitos da contaminação por petróleo bruto leve nas propriedades físicas e mecânicas da areia fina. Contaminação de solos e sedimentos: An International Journal, 24(8), 833-845.

8. Tuncan, A., S. Pamukcu, (1992), "Predicted Mechanism of Crude Oil and Marine Clay Interactions" Environmental Geotechnology, Usmen & Acar (eds), Balkema, Roterdão.

9. Alsanad, H.A., Eid, w.k., Ismael, N.F., (1995), "Geotechnical properties of oil contaminated Kuwaiti sand" Journal of Geotechnical Engineering, ASCE 121 (5), 407-412.

10. Ur-Rehman, Habib, Abduljauwad, Sahel N., Akram, Tayyeb, (2007) "Geotechnical behavior of oilcontaminated fine-grained soils" Electronic Journal of Geotechnical Engineering, v 12 A, 2007.

11. Puri, Vijay K., (2000), "Geotechnical aspects of oil-contaminated sands" Soil and Sediment Contamination, v 9, n 4, 2000, p 359-374

12. Meegoda, N.J., Ratnaweera, P., (1994), "Compressibility of contaminated fine grained soils".Geotechnical Testing Journal 17 (1), 101-112.

13. Khamehchiyan, M., e Charkhabi, A. H., e Tajik, M., (2007), "Effects of crude oil contamination on geotechnical properties of clayey and sandy soils Method," Engineering Geology 89 (2007) 220-229.

14. Evgin, E., e B. M. Das., (1992), "Mechanical Behavior of Oil Contaminated Sand," Environmental Geotechnology, Usmen & Acar (eds), Balkema, Roterdão, 1992.

15. Alsanad, H.A., Eid, w.k., Ismael, N.F., (1995), "Geotechnical properties of oil contaminated Kuwaiti sand," Journal of Geotechnical Engineering, ASCE 121 (5), 407-412.

16. Aiban, A., (1998), "The effect of temperature on the engineering properties of oil- contaminated sand", Journal of Environmental International 24, 153-161

17. Vijay K. Puri, (2000), "G eotechnical Aspects of Oil-Contaminated Sands," Soil and Sediment Contamination, 9(4):359-374 (2000) Shin, E.C., and Das, B.M., (2001), "Bearing capacity of **unsaturated oilcontaminated sand," International** Journal of Offshore and Polar Engineering 11 (3), 220-227.

18. **Evans, J. C., e Pancoski, S. E., (1989), "Organocally modified clays Transportation research," Record,** No.1219, pp. 160-168.

19. Bivand, R.S., Pebesma, E.J., e Gomez-Rubio, V. 2008, Applied Spatial Data Analysis with R, Springer, Pp: 311-324.

20. Bruce, L.G. 1993. Gasolina refinada em subsuperfície. APG. Bull. 77: 212-224.

21. Chiles, J.P., e Delfiner, P. 1999. Geostatistics, Modeling Spatial Uncertainty, J.Wiley and Sons, Nova Iorque, 116p.

22. Cressie, N.A.C. 1993. Statistics for Spatial Data, J. Wiley and Sons, New York, Pp: 71-75.

23. Delleur, J. 2000. Handbook of Ground water engineering, Springer-Verlag, Berlin Heidelberg, Pp: 5-11.

24. Diggle, P.J., e Ribeiro, Jr.P.J. 2007. Model-based Geostatistics, Springer, New York, Pp: 145-49.

25. Domenico, P.A., e Franklin, W.S. 1990. Physical and Chemical Hydrogeology, John Wiley and Sons, U.S.A. Pp: 202-213.

26. Edzer, J.P. 2008. O pacote gstat. Modelação, previsão e simulação geoestatística multivariável, 33p.

27. Emérito, J.B. 2001. Modelação do fluxo de água subterrânea e do transporte de contaminantes. Primeira edição. Haifa, Israel, Pp: 86-123.

28. Frind, E.O., Malson, J.M., e Schimer, M. 1999. Dissolução e transferência de massa de múltiplos compostos orgânicos em condições de campo: The borden emplaced source. J.Water Resour. Res. 35: 683694.

29. Loe, C.H., Lee, J.Y., e Cheon, J.Y. 2001. Atenuação de Hidrocarbonetos de Petróleo em Zonas de Esfregaço: Um estudo de caso. J. Environ. Eng. 28: 639-649.

30. Conselho Nacional de Investigação. 1994. Alternatives for Ground Water Cleanup, National Academy Press, Washington, DC, 23p.

31. Schackelford, C.D., Daniel, D.E., e Lilijestrand, H.M. 1989. Difusão de espécies químicas orgânicas em solo argiloso compactado. J. conta. Hydro. 4: 241-273.

32. Stein, M.L. 1999. Interpolation of Spatial Data, Springer Verlag, Nova Iorque, 232p.

33. Agência de Proteção Ambiental dos EUA. 1998. Documento de apoio técnico para 194.23: fluxo de águas subterrâneas e modelação do transporte de contaminantes no WIPP, EPA Docket, A-93-02, V-B-7, Pp: 20-26.

34. Webster, R., e Oliver, M.A. 2007. Geostatistics for Environmental Scientists (2ª edição), J. Wiley and Sons, Nova Iorque, Pp: 118-123.

More
Books!

info@omniscriptum.com
www.omniscriptum.com
OMNIScriptum

Printed by Books on Demand GmbH, Norderstedt / Germany